多姿多彩的
植物世界

王子安◎主编

U0352733

汕头大学出版社

图书在版编目（ＣＩＰ）数据

多姿多彩的植物世界 / 王子安主编. -- 汕头 ： 汕
头大学出版社，2012.5（2024.1重印）
ISBN 978-7-5658-0805-0

Ⅰ．①多… Ⅱ．①王… Ⅲ．①植物－普及读物 Ⅳ．
①Q94-49

中国版本图书馆CIP数据核字(2012)第096861号

多姿多彩的植物世界　　　　　　　DUOZI DUOCAI DE ZHIWU SHIJIE

主　　编：王子安
责任编辑：胡开祥
责任技编：黄东生
封面设计：君阅天下
出版发行：汕头大学出版社
　　　　　广东省汕头市汕头大学内　邮编：515063
电　　话：0754-82904613
印　　刷：三河市嵩川印刷有限公司
开　　本：710 mm×1000 mm　1/16
印　　张：16
字　　数：90千字
版　　次：2012年5月第1版
印　　次：2024年1月第2次印刷
定　　价：69.00元
ISBN 978-7-5658-0805-0

前　言

　　浩瀚的宇宙,神秘的地球,以及那些目前为止人类尚不足以弄明白的事物总是像磁铁般地吸引着有着强烈好奇心的人们。无论是年少的还是年长的,人们总是去不断的学习,为的是能更好地了解我们周围的各种事物。身为二十一世纪新一代的青年,我们有责任也更有义务去学习、了解、研究我们所处的环境,这对青少年读者的学习和生活都有着很大的益处。这不仅可以丰富青少年读者的知识结构,而且还可以拓宽青少年读者的眼界。

　　植物界是这浩瀚宇宙万物中的一个必不可少的组成部分。相较动物而言,植物属于一种不能"动"的生命,它们的生命绝大多数需要自己的根,紧紧地抓住大地,或者深深地联入地下。所以说,在所有的生命中,植物大家族可以说是与大地最为亲密无间的。植物塑造了地球、美化了自然,尤其是多彩的花卉、蔬菜,不仅给予人类以美的视觉享受,更给予人类健康的体魄。可以说,植物是世间最美的七色的嫁衣。本书即是讲述了跟植物相关的知识,分别介绍了原始的低等植物、苔藓植物、蕨类植物、裸子植物、被子植物等相关的内容。通过阅读此书,会使青少年读者的知识容量得到一定程度的提升,可以让读者明白,地球是一个大家园,因为有所有的动物,地球才不会失衡。人类发展很快,在我们建设美好家园的同时应该给动物们留下生存的空间。

综上所述，《多姿多彩的植物世界》一书记载了植物世界中最精彩的部分，从实际出发，根据读者的阅读要求与阅读口味，为读者呈现最有可读性兼趣味性的内容，让读者更加方便地了解历史万物，从而扩大青少年读者的知识容量，提高青少年的知识层面，丰富读者的知识结构，引发读者对万物产生新思想、新概念，从而对世界万物有更加深入的认识。

此外，本书为了迎合广大青少年读者的阅读兴趣，还配有相应的图文解说与介绍，再加上简约、独具一格的版式设计，以及多元素色彩的内容编排，使本书的内容更加生动化、更有吸引力，使本来生趣盎然的知识内容变得更加新鲜亮丽，从而提高了读者在阅读时的感官效果，使读者零距离感受世界万物的深奥。在阅读本书的同时，青少年读者还可以轻松享受书中内容带来的愉悦，提升读者对万物的审美感，使读者更加热爱自然万物。

尽管本书在制作过程中力求精益求精，但是由于编者水平与时间的有限、仓促，使得本书难免会存在一些不足之处，敬请广大青少年读者予以见谅，并给予批评。希望本书能够成为广大青少年读者成长的良师益友，并使青少年读者的思想得到一定程度上的升华。

2012年7月

目　录
contents

第四章　赤裸着种子的植物——裸子植物

第五章　被包着的种子——被子植物

第六章　植物趣谈

第一章

原始的低等植物

最原始的植物大约在太古代的34亿年前出现，在以后极漫长的时间里，这些最原始植物的一部分经遗传保留下来了；另一部分则逐渐演化成新的植物。随着地质的变迁和时间的推移，新的植物种类不断产生，但也有一部分老的植物由于各种因素消亡了，这样经过不断的遗传、变异和演化就形成了今天地球上这样丰富多样的植物。

根据植物构造的完善程度、形态结构、生活习性、亲缘关系将植物分为高等植物和低等植物两大类。每一大类又可分为若干小类。低等植物是植物界起源较早，构造简单的一群植物，主要特征是水生或湿生，没有根、茎、叶的分化；生殖器官是单细胞，有性生殖的合子不形成胚直接萌发成新植物体。低等植物可分为藻类、菌类和地衣。这些植物的共同特征是：植物体没有根茎叶的分化；生殖器官多为单细胞结构；有性生殖时产生的合子不发育成胚，故这些植物又可称为无胚植物。从植物界的系统发生的变化上来看，它们也是植物界出现最早的类群。

菌类植物

◆ 球 菌

球菌呈球形或近似球形。球菌分裂后产生的自细胞保持一定的排列方式，在分类鉴定上有重要意义。根据排列方式不同，可分为单球菌、双球菌、链球菌、四联球菌、八叠球菌和葡萄球菌等。

◆ 杆 菌

杆菌是杆状或类似杆状的细菌，广泛分布于自然界，一般属于腐生或寄生。如大肠杆菌、枯草杆

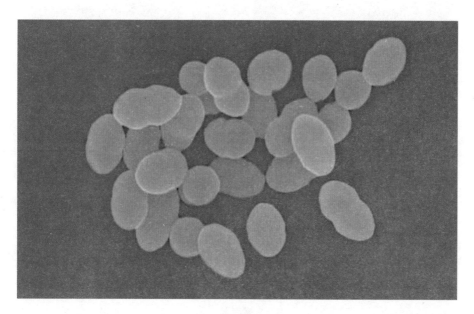

球 菌

菌等。

各种杆菌的大小、长短、弯度、粗细差异较大。大多数杆菌中等大小长2～5微米，宽0.3～1微米。大的杆菌如炭疽杆菌，小的如野兔热杆菌。菌体的形态多数呈直杆状，也有的菌体微弯。多数杆菌的两端为钝圆，亦有少数呈方形，菌体两侧或平行、或中央部分较粗

如梭状，或有一处或数处突出。根据其排列组合情况，也可有单杆菌，双杆菌和链杆菌之分。

◆ **螺旋菌**

螺旋菌是细胞呈弯曲状的细菌。根据细胞弯曲的程度和硬度，又常将其分为弧菌、螺旋菌、螺旋体3种类型。幽门螺旋菌是人类最

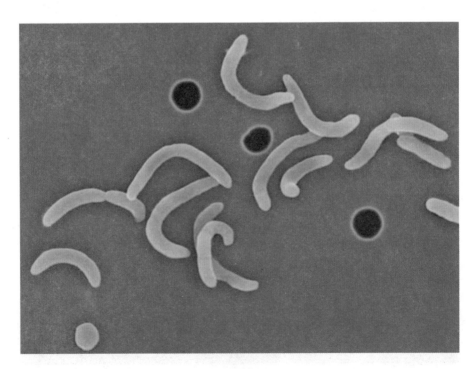

螺旋菌

1982年，澳大利亚医生马歇尔和华伦才分离出这种细菌。接下来的10年里，研究人员发现胃里带有这种微生物的人，罹患消化性溃疡（胃壁或12指肠壁破损）的风险较高；而幽门螺旋菌还可能引发一种最常

水稻白叶枯病

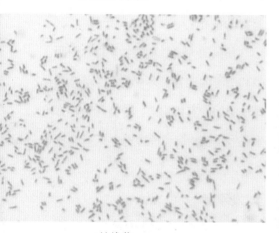

放线菌

古老，也是最亲密的伙伴之一，德国解剖学家早在1875年就发现人类的胃黏膜层里住着一种螺旋菌，但因为无法培养出纯系菌株，这项结果就遭到忽视和遗忘。一直到了

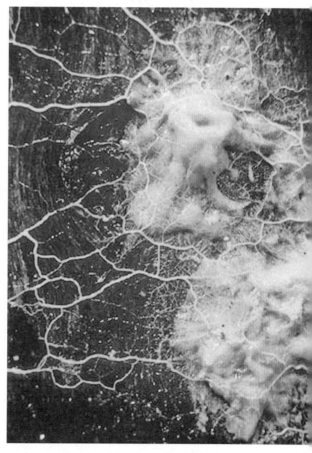

粘 菌

见的胃癌。

细菌的营养方式多数为异养，有的是从活的动植物体内吸收有机物，称寄生细菌。寄生细菌能致人畜患疾病和植物得病害。如水稻白叶枯病、棉花角斑病、花生青枯病以及蔬菜软腐病。有的是从动植物遗体或其他有机物取得有机物，称腐生细菌。腐生细菌常使食物腐烂，地球上的碳、氮循环，绿色植物生活的原料，必须经过腐生细菌的腐烂方可吸收。有的细菌，如根瘤菌能摄取大气中的氮，制成有机氮，供绿色植物生长，称为共生。

◆ 放线菌

放线菌为细菌中的一类，细胞杆状，不游动，在某种生活情形下成分枝丝状体。有些属能产生抗菌素，常见的有链霉素、四环素、土霉素等。

◆ 粘菌门

粘菌门是介于动植物之间的一类生物，约有500种。它们的生活史中一般是动物性的，另一段是植物性的。营养体是一团裸露的原生质体，多核，无叶绿素，能作变形虫式运动，吞食固体食物，与原生动物的变形虫很相似。但在生殖时产生具纤维素细胞壁的孢子，这是植物的性状。

粘菌的大多数种类生于森林中阴暗和潮湿的地方，多在腐木、落叶或其他湿润的有机物上。只有几个种寄生在经济植物上，危害寄主。

◆ 发网菌

发网菌属是粘菌中最常见的种类，其变形体呈不规则网状，直径数厘米，能借助体形的改变在阴湿处的腐木或枯叶上缓慢爬行，并能吞食固体食物。在繁殖时，变形

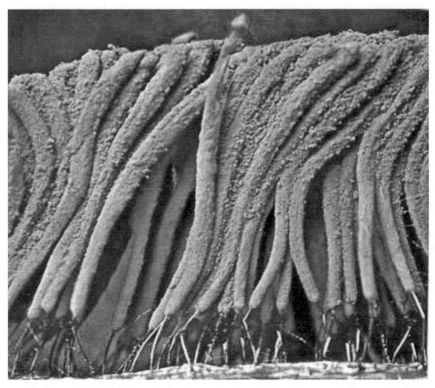

发网菌

体爬到干燥光亮的地方，形成很多发状突起，每个突起发育成一个具柄的孢子囊（子实体）。孢子囊通常长筒形，外有包被。然后原生质团中的许多核进行减数分裂，原生质团割裂成许多块单核的小原生质，每块小原生质分泌出细胞壁，形成1个孢子，藏在孢丝的网眼中。成熟时，包被破裂，借助孢网的弹力把孢子弹出。

◆ 真 菌

真菌的种类很多，约有3800属，已知道的有70000种以上，可分为藻菌纲、半知菌纲、子囊菌纲、担子菌纲四纲。

食用真菌

真菌都有细胞核，多数植物体为细丝组成，每一根丝叫菌丝。分枝的菌丝团叫菌丝体。菌丝有的分隔，有的不分隔。高等真菌的菌丝体，常形成各种子实体。真菌不含色素，不能进行光合作用，生活方式是异养的。一部分为寄生，另一部分为腐生。

真菌的生殖方式多种多样，无性生殖极为发达，形成各种各样的孢子。菌丝体的断片、碎片也能繁殖。有性生殖各式各样。有的以一种为主，兼营另外一种生活方式。就是这部分真菌，常是农作物病害的主要病原菌，如：锈菌、稻瘟病菌。

小麦秆锈病菌，生活史一个时期在小麦上，另一个时期则在小蘗上，称为转主寄生。稻瘟病菌，仅在水稻上完成生活史，叫单主寄生。

 植物百花园

最早关于菌类植物的专著

《菌谱》是中国第一部关于菌类植物的专著。成于书1245年，由陈仁玉编纂。书中讲述了台州（今浙江台州一带）11种菌类植物的生长情况，包括时期、性状及色味等。300多年后，明代的潘之恒在此基础上又著有《广菌谱》，收录了各种菌类植物40余种，明代后又有人不断填补、更新。这些早期的菌类著作都是中国古代研究菌类植物的科学汇总，有着很高的学术价值。

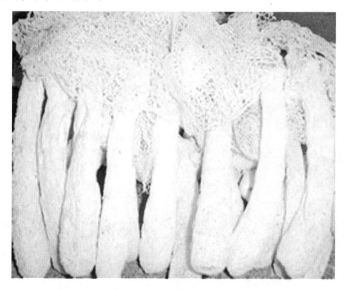

《菌谱》中记载的菌类

藻类植物

藻类植物是一群古老的植物。化石记录，大约在35～33亿年前，在地球上的水体中，首先出现了原核蓝藻。在15亿年前，已有和现代藻类相似的有机体存在。从现代藻类的形态、构造、生理等方面，也反映出藻类是一群最原始的植物，已知在地球上大约有3万余种藻类。

关于藻类的概念古今不同。我国古书上说："藻，水草也，或作藻"。可见在我国古代所说的藻类是对水生植物的总称。在我国现代的植物学中，仍然将一些水生高等植物的名称中贯以"藻"字（如金鱼藻、黑藻、茨藻、狐尾藻等），也可能来源于此。与此相反，人们往往将一些水中或潮湿的地面和墙壁上个体较小，粘滑的绿色植物统称为青苔，实际上这也不是现在所说的苔类，而主要是藻类。根据现代对藻类植物的认识，藻类并不是一个自然分类群，但它们却具有以

藻类植物

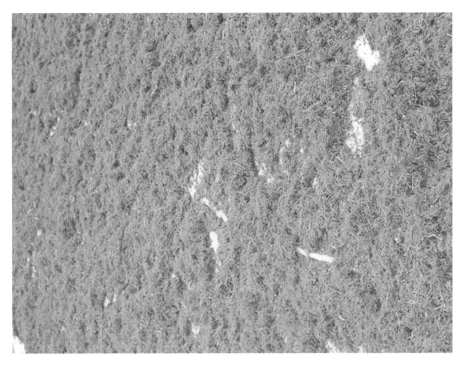

青　苔

下的共同特征：

第一，植物体一般没有真正根、茎、叶的分化，藻类植物的形态、构造很不一致，大小相差也很悬殊。

第二，能进行光能无机营养。一般藻类的细胞内除含有和绿色高等植物相同的光合色素外，有些类群还具有共特殊的色素，而且也多不呈绿色，所以它们的质体特称为色素体或载色体。

第三，生殖器官多由单细胞构成。高等植物产生孢子的孢子囊或产生配子的精子器和藏卵器一般都是由多细胞构成的。

第四，合子不在母体内发育成胚。高等植物的雌、雄配子融合后所形成的合子（受精卵），都在

水 绵

母体内发育成多细胞的胚以后，才脱离母体继续发育为新个体。

藻类植物有重要经济价值，小型藻类是水中经济动物（如鱼、虾）饵料；有些种类可供食用（如螺旋藻、小球藻、紫菜、裙带菜、海带）；一些种类可供药用（如鹧鸪菜、羊栖菜）和工业用（如石菜）。

◆ **蓝 藻**

蓝藻原是一门藻类植物。根据1979年中国学者陈世骧等人的建议，把蓝藻划为原核生物的一界——蓝藻界。单细胞个体或群体，或为细胞成串排列组成藻丝状的丝状体，不分枝、假分枝或真分枝。蓝藻在地球上已存在约30亿年，是最早的光合放氧生物，对地球表面从无氧的大气环境变为有氧环境起了巨大的作用。已知蓝藻约2000种，中国已有记录的约900种。在世界分布很广。淡水和海水中，潮湿和干旱的土壤或岩石上、树干和树叶上，温泉中、冰雪上，甚至在盐卤池、岩石缝中都有它们的踪迹；有些还可穿入钙质岩石或介壳中（如穿钙藻类）或土壤深层中（如土壤蓝藻）。

在所有藻类生物中，蓝藻是最简单、最原始的一种。蓝藻是单细胞生物，没有细胞核，但细胞中央含有核物质，通常呈颗粒状或网状，染色质和色素均匀的分布在细胞质中。该核物质没有核膜和核仁，但具有核的功能，故称其为原核（或拟核）。在蓝藻中还有一种环状DNA——质粒，在基因工程中担当了运载体的作用。蓝藻是最早的光合放氧生物，对地球表面从无氧的大气环境变为有氧环境起

了巨大的作用。有不少蓝藻（如鱼腥藻）可以直接固定大气中的氮，以提高土壤肥力，使作物增产。还有的蓝藻为人们的食品，如著名的发菜和普通念珠藻（地木耳）、螺旋藻等。但蓝藻也会造成危害，在一些营养丰富的水体中，有些蓝藻常于夏季大量繁殖，并在水面形成一层蓝绿色而有腥臭味的浮沫，称为"水华"，大规模的蓝藻爆发，被称为"绿潮"。绿潮引起水质恶化，严重时耗尽水中氧气而造成鱼类的死亡。

◆ **念珠藻**

念珠藻属藻体，为一列圆形细胞组成的丝状体，丝状体不分枝，外有公共胶质鞘所包而形成片状。丝状体有异形胞，两异形胞间的藻体可断离母体而进行繁殖，故两异形胞之间的这段藻体称为藻殖段。

◆ **半丰满鞘丝藻**

半丰满鞘丝藻体蓝绿色，粘滑，丝状，丛生。可食用，为单列细胞不分支的丝状体，鞘和藻殖段明显可见。

◆ **颤藻属**

颤藻属生于湿地或淡水中，其藻体为一列细胞组成的不分枝丝状体，无胶质鞘，藻体能前后或左右颤动。丝状体中间有少数空的死细胞，有时有胶化膨大的隔离盘，都呈双凹形。通过死细胞和隔离盘将丝状体分成几段，每段称为藻殖段。

颤藻生长在富含有机质的水体中，夏秋季节过量繁殖，在水表形成的一层有腥味的浮沫，即水华，反映水体富营养化，并加剧水质污染，因大量消耗水中的氧，造成鱼

半丰满鞘丝藻

虾缺氧死亡。主要为颤藻属等。

◆ **鱼腥藻属**

　　鱼腥藻植物体为单一丝状体，或不定型胶质块，或柔软膜状。藻丝等宽或末端尖细，直或不规则螺旋弯曲，具胶鞘。细胞球形、桶形，异形胞间生，孢子1个或几个成串靠异形胞或位于异形胞之间。鱼腥藻需较高温度。鱼腥藻一般不能作为鱼类饵料，它能分泌毒素，引起鱼类及其他生物中毒。还有不少种类能同化空气中的氮，增加土壤或水体肥力，如异形鱼腥藻、禾谷鱼腥藻等。

◆ **含蛋白质最高的植物——螺旋藻**

　　螺旋藻生长于水体中，在显微镜下可见其形态为螺旋丝状，故而得名。

　　近几十年来，科学家发现螺旋藻是人类迄今为止所发现的最优秀

的纯天然蛋白质食品源，并且是蛋白质含量高达60%～70%，相当于小麦的6倍，猪肉的4倍，鱼肉的3倍，鸡蛋的5倍，干酪的2.4倍，且消化吸收率高达95%以上。其特有的藻蓝蛋白，能够提高淋巴细胞活性，增强人体免疫力，因此对胃肠疾病及肝病患者康复具有特殊意义。其中维生素及矿物质含量极为丰富，含大量的人类必需氨基酸和蛋白质，是人类理想的食品。

◆ **裸藻门**

　　裸藻门是眼虫属生物的统称，在植物学中称裸藻，是一类介于动物和植物之间的单细胞真核生物。淡水中习见的眼虫有：绿眼虫，体纺锤形，前端钝圆，后端宽，末端尖呈尾状。鞭毛与体等长，色素体1个，星状。梭眼虫，长纺锤形，鞭毛短，色素体多个。长眼虫，体圆柱形，狭长，鞭毛约为体长的

绿　藻

1/3～1/2。螺纹眼虫，体易变形，体表螺旋形带纹明显，鞭毛短。扁眼虫，体呈宽卵圆形，背腹扁，后端尖刺状，鞭毛与体等长。

裸藻生活在有机物质丰富的水沟、池沼或缓流中，但在河堤、海湾湿土或含盐沼泽中亦有，此外在其他藻类体上、植物碎片、及小甲壳类的体上亦能见到。至于营有机性的种类则多见之于下水道的水内。温暖季节可大量繁殖，常使水呈绿色。

多年来用眼虫进行基础理论的研究取得不少成果。不仅对遗传变异理论的探讨有意义，而且对了解有色、无色鞭毛虫类动物间的亲缘关系，对了解动、植物的亲缘关系都有重要意义。近年来也有用眼虫作为有机物污染环境的生物指标，用以确定有机污染的程度，另外眼虫对净化水的放射性物质也有作用。

◆ 绿藻门

绿藻门是藻类植物中最大的一门，约有430属，6700种。绿藻的分布很广，以淡水中为最多，流水和静水中都可见到。陆地上的阴湿处和海水中也有绿藻生长，有的和真菌共生形成地衣。

绿藻植物的细胞与高等植物相似，也有细胞核和叶绿体，有相似的色素、贮藏养分及细胞壁的成分。色素中以叶绿素a和b最多，还有叶黄素和胡萝卜素，故呈绿色。贮藏的营养物质主要为淀粉和油

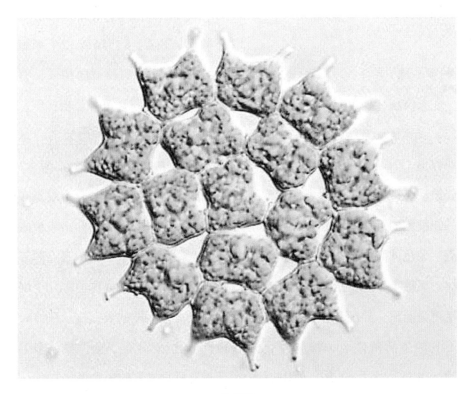

实球藻

类。叶绿体内有一至数个淀粉核。细胞壁的成分主要是纤维素。游动细胞有2或4条等长的顶生的尾鞭型的鞭毛。

绿藻的体型多种多样，有单细胞、群体、丝状体或叶状体。繁殖的方式也多样，无性生殖和有性生殖都很普遍，有些种类的生活史有世代交替现象。

◆ 衣藻

衣藻亦称"单衣藻"。属绿藻门，衣藻科。藻体为单细胞，球形或卵形，前端有两条等长的鞭毛，能游动。鞭毛基部有两个伸缩泡；另在细胞的近前端，有一个红色眼点。载色体大型杯状，有一枚淀粉核。无性繁殖产生游动孢子；有性生殖为同配、异配和卵式生殖。在不利的生活条件下，细胞停止游动，并进行多次分裂，外围厚胶质鞘，形成临时群体称"不定群

体"。环境好转时，群体中的细胞产生鞭毛，破鞘逸出。广泛分布于水沟、洼地和含微量有机质的小型水体中，早春晚秋最为繁盛。一些含蛋白质较丰富的种类，可培养作饲料或食用。

◆ 实球藻属

实球藻为定型群体，圆球形或椭圆形，由4、8、16或32个细胞埋藏在1个共同的胶被内构成；有的种类细胞排列紧密，互相挤压，有的排列疏松；群体均为实心球体，没有中央空腔；每个细胞含1个细胞核，1个叶绿体、1个眼点和2个伸缩泡，1对鞭毛均伸出胶被之外；有些种类各个细胞的眼点同等大小，有些种类，群体前端几个细胞的眼点比后端的大，显示群体有极性分化，分布于全世界，多生活于有机物丰富的淡水中。

◆ 团藻属

团藻属植物体为球形体，球体的表面由数百乃至上万个具双鞭毛的细胞构成，中央腔内充满粘液，每个细胞的结构与衣藻相似，各细胞间有原生质丝相连，并有营养细胞和繁殖细胞之分。团藻也有无性繁殖和有性繁殖两种。无性繁殖由繁殖细胞发育成子体，落入母体腔内，母体破裂后，放出子群体。有性生殖为卵式生殖。

◆ 轮藻属

轮藻属植物体上往往有钙质沉积。茎或小枝多具皮层；小枝不分叉，但节上生有苞片细胞。植物体分枝多，以无色假根固着于水底，主枝有"节"和"节间"，侧枝的节上又可轮生分枝，称为"叶"。有性生殖时，叶上生有卵囊球，其

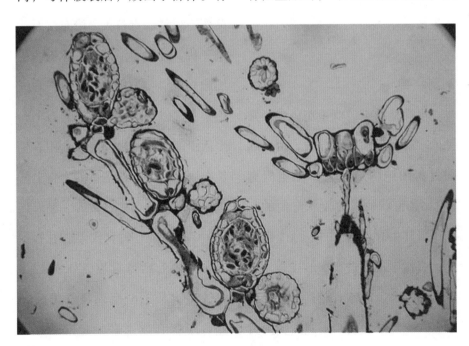

轮　藻

下生有精囊球。雌雄同株、雌雄配子囊混生者，藏精器生于藏卵器的下方。

轮藻属广泛分布于世界各地，但主要产于北温带，共约180种。中国已知有27种，其中9种为特有种。多生于钙质丰富、有机质较少、呈微碱性的淡水或半咸水中，特别是在透明度大、少浮叶植物生长的浅水湖、池塘、沼泽中，常大量生长。

◆ 水 绵

水绵是绿藻门双星藻科中最常见的一属。丝状体不分枝，由一列圆柱状细胞构成，每个细胞内有1～16条带状的、螺旋状弯曲的叶绿体，其中有1列蛋白核；1个细胞核；有性生殖多进行梯形接合，也有侧面接合，或二者兼具；接合孢子多在雌配子囊内，成熟后多为黄或褐色。有些种类产生有静孢子，

厚壁孢子，或单性孢子。水绵在世界广泛分布。中国有187种，中国西藏喜马拉雅山区海拔4000米也有，多生活于较浅的静水水体中，如池塘、水坑、沟渠、稻田、湖泊和水库的浅水港湾、溪流边缘，极少的在潮湿土壤上。

◆ 石 莼

石莼亦称海白菜、海青菜、海莴苣、绿菜、青苔菜、纶布。石莼呈片状，近似卵形的叶片体由两层细胞构成，高10～40厘米，鲜绿色，基部以固着器固着于岩石上，生活于海岸潮间带，可供食用。生长在海湾内中、低潮带的岩石上，东海、南海分布多；黄海、渤海稀少。冬春采收，鲜食或漂洗晒干。

石莼干品每百克含水分11.5克，蛋白质3.6克，粗纤维6.69克，还含有维生素、有机酸、矿物质、麦角固醇等成分。石莼性味

甘咸寒，具有软坚散结、利水解毒等功效。用于喉炎、颈淋巴结肿、水肿、瘿瘤等病症。《本草纲目拾遗》载"下水，利小便。"孕妇及脾胃虚寒和有湿滞者忌食用。

◆ 金藻门

金藻门植物由于色素体内的类胡萝卜素和叶黄素占优势，所以呈黄绿色或金棕色。储藏的食物是金藻糖和油。本门约有6000多种。

金藻门中常见的为硅藻，其为一类单细胞植物，可连成各种群体。生于海水和淡水中，细胞由套合的两半组成，为上壳和下壳，上有衣纹，壁富含硅质。含叶绿素

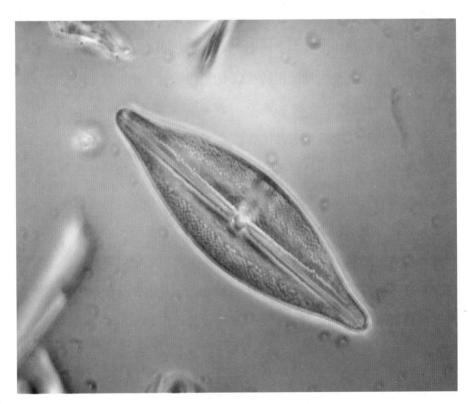

形态各异的硅藻

a、c和墨角藻黄素。储存的光合产物为金藻昆布糖。繁殖方式为细胞的有丝分裂和产生复大孢子。有丝分裂时原生质体分裂为二，两半分开，每一新细胞各有一旧瓣，然后再产生一个比旧瓣小的下瓣。若干代后，一部分个体越来越小，到一定限度便产生复大孢子，使细胞恢复原来的大小。

金藻门中的植物多数生于淡水和海洋中。古代硅藻大量沉积的硅藻土，可作为现代工业的重要原料，也可作硫酸工业催化剂载体、建筑磨光材料、工业用过滤剂、吸附剂和保温材料以及用于造纸、橡胶、化妆品、火漆和涂料等的填充剂；地质古生物学方面还可利用硅藻化石作为研究历史、古地理、古气候的材料。

◆ 红藻

红藻绝大多数为多细胞体、极少数为单细胞体的藻类。藻体紫红、玫瑰红、暗红等色。红藻绝大部分生长于海洋中，分布广泛，种类繁多，据统计有3700余种，其中不少红藻有重要经济价值。除可以食用外，还是医学、纺织、食品等工业的原料。绝大部分海生，见于热带和亚热带海岸附近，常附着于其他植物。叶状体有丝状、分枝状、羽状或片状。细胞间连以纤细的原生质丝。除叶绿素外，尚含藻红素和藻蓝素，故常呈红色或蓝色。红藻的生殖细胞不能运动。雌性器官称果孢，由单核区和受精丝构成。不动精子在精子囊中单生。重要的食用红藻（如紫菜、掌状红皮藻）煮熟后仍保持其色泽及胶体性质。工业上，角叉菜属红藻作为明胶的代用品，用于布丁、牙膏、冰淇淋及保藏食品中。珊瑚藻属的某些种在形成珊瑚礁与珊瑚岛的过程中起重要作用。

鹿角菜

◆ 鹿角菜

鹿角菜又叫角叉菜，属红藻门，杉藻科，角叉菜属。藻体红紫色，软骨质，强韧。丛生，高5～12厘米，基部亚圆柱形，逐渐向上则扁压成楔形，上部叉状分枝2～7次，腋角宽圆，扇形，扁平，顶端舌状或二裂浅凹，钝形，边全缘略厚，或有简单分叉、楔形、舌状、短或长的小育枝。髓部由许多纵走与表皮平行排列的长形藻丝组成。成熟的囊果椭圆形，于藻体的一面突出；另一面凹陷。固着器壳状。

◆ 石花菜

石花菜又名海冻菜、红丝、凤尾等，是红藻的一种。它通体透明，犹如胶冻，口感爽利脆嫩，既可拌凉菜，又能制成凉粉。石花菜

石花菜

还是提炼琼脂的主要原料。

石花菜能在肠道中吸收水分，使肠内容物膨胀，增加大便量，刺激肠壁，引起便意。所以经常便秘的人可以适当食用一些石花菜。石花菜含有丰富的矿物质和多种维生素，尤其是它所含的褐藻酸盐类物质具有降压作用，所含的淀粉类硫酸脂为多糖类物质，具有降脂功能，对高血压、高血脂有一定的防治作用。中医认为石花菜能清肺化痰、清热燥湿，滋阴降火、凉血止血，并有解暑功效。

◆ 褐藻门

褐藻门是藻类植物中较高级的一个类群。褐藻植物体均为多细胞体。简单的是由单列细胞组成的分枝丝状体；进化的种类，有类似根、茎、叶的分化，其内部构造有表皮、皮层和髓部组织的分化，甚至有类似筛管的构造。细胞壁分两层，内层由纤维素组成，外层由褐藻胶组成。载色体1至多数，粒状或小盘状，含叶绿素a和c、胡萝卜素及数种叶黄素（主要是墨角藻黄素）。由于叶黄素的含量超过别的色素，故藻体呈黄褐色或深褐色。

◆ 马尾藻

马尾藻是褐藻的一属。藻体分固着器、茎、叶和气囊四部分。茎略呈三棱形，叶子多为披针形。生

褐　藻

马尾藻

近海中，可做饲料，又可用来制褐藻胶和绿肥。藻多大型，多年生，可区分为固着器、主干、分枝和藻叶几部分。固着器有盘状、圆锥状、假根状等。主干圆柱状，长短不一，向四周辐射分枝；分枝扁平或圆柱形。藻叶扁平，多数具有毛窝。具气囊，单生，圆形，倒卵形或长圆形。雌雄同托或不同托、同株或异株。生殖托扁平，圆锥形或纺锤形。现有250种，大多数为暖水性种类，广泛分布于暖水和温水海域，特别是印度—西太平洋和澳大利亚。我国是马尾藻的主要产地之一，有60种。盛产于广东、广西沿海，尤其是海南岛、洲岛和涠洲岛。生长在低潮带石沼中或潮下带2～3米水深处的岩石上。

我国常见的有海蒿子、海黍子、鼠尾藻、匍枝马尾藻等。本属的种类是提取褐藻胶等重要的工业原料，羊栖菜可药用和食用。

◆ 海 带

海带是藻体褐色，长带状，革质，一般长2～6米，宽20～30厘米。藻体明显地区分为固着器、柄部和叶片。固着器假根状，柄部粗短圆柱形，柄上部为宽大长带状的叶片。在叶片的中央有两条平行的浅沟，中间为中带部，厚2～5毫米，中带部两缘较薄有波状皱褶。象根的部分只是起到固着作用的根状物，象叶的部分叫叶状体。

海带是一种含碘量很高的海藻。养殖海带一般含碘3‰～5‰，多可达7‰～10‰。从中提制得的碘和褐藻酸，广泛应用于医药、食

海 带

品和化工。碘是人体必须的元素之一，缺碘会患甲状腺肿大，多食海带能防治此病，还能预防动脉硬化，降低胆固醇与脂的积聚。

海带中褐藻酸钠盐有预防白血病和骨痛病的作用；对动脉出血亦有止血作用，除可以食用外，海带还可以制海带酱油、海带酱、味粉。日本人用海带磨成粉，作为红肠等食物的添加剂，把海带茶作为

裙带菜

表示喜庆的高贵食品。工业上用海带提取钾盐、褐藻胶、甘露醇，用来代替面粉浆纱、浆布，制酒时用作澄清剂，还可作医疗用品。

◆ 裙带菜

裙带菜为温带性海藻，它能忍受较高的水温，我国自然生长的裙带菜主要分布在浙江省的舟山群岛及嵊泗岛。而现在青岛和大连地区也有裙带菜的分布，实际是早年先后从朝鲜和日本移植过来的。

裙带菜的孢子体黄褐色，外形很象破的芭蕉叶扇，高1～2米，宽50～100厘米，明显地分化为固着器、柄及叶片三部分。固着器为叉状分枝的假根组成，假根的末端略粗大，以固着在岩礁上，柄稍长，扁圆形，中间略隆起，叶片的中部有柄部伸长而来的中肋，两侧形成羽状裂片。叶面上有许多黑色小斑点，为粘液腺细胞向表层处

的开口。内部构造与海带很相似，在成长的孢子体柄部两侧，形成木耳状重叠褶皱的孢子叶，成熟时，在孢子叶上形成孢子囊。裙带菜的生活史与海带很相似，也是世代交替的，但孢子体生长的时间较海带短，接近一年（海带生长接近二年），而配子体的生长时间较海带为长，约1个月（海带配子体生长一般只有两个星期）。

裙带菜中含有多种营养成分，据初步分析每百克干品中含粗蛋白11.6克，精脂肪0.32克，糖类37.81克，灰分18.93克，还含有多种维生素，其粗蛋白质含量高于海带，味道也超过海带。裙带菜不仅是一种食用的经济褐藻，而且可作综合利用提取褐藻酸的原料。

◆ 鹅掌菜

鹅掌菜为藻体，黑褐色，叶状，革质，高30～40厘米，宽

35~45厘米。叶片中部厚，两侧　褶，柄部圆柱形，固着器为分枝的
羽状分枝，叶缘有粗锯齿，叶面皱　假根。

鹅掌菜

真菌和藻类的共生体——地衣

生长于流急浪大的大干潮线以下1～的岩石上。生长盛期6～9月。原产于渔山，在福建也有分布。本种系北太平洋西部特有的暖温带性海藻。可供食用。据渔山居民经验介绍，鹅掌菜可治吐血病。

地衣是多年生植物，是由1种真菌和1种藻组合的复合有机体。真菌和藻类的结合体，自然界中最突出、最成功的共生现象的范列。约15000种。其中的藻类通常为绿藻，真菌多为子囊菌或担子菌。地衣的植物体称为叶状体。同层地衣的叶状体内，数量很多的藻类细胞（称为藻类成分）

地 衣

石　耳

散乱分布于数量较少的真菌细胞（称为地衣共生菌）之间。

大部分地衣是喜光性植物，要求新鲜空气，因此，在人烟稠密，特别是工业城市附近，见不到地衣。地衣一般生长很慢，数年内才长几厘米。地衣能忍受长期干旱，干旱时休眠，雨后恢复生长，因此，可以生在峭壁、岩石、树皮上或沙漠地上。地衣耐寒性很强，因此，在高山带、冻土带和南、北极，其他植物不能生存，而地衣独能生长繁殖，常形成一望无际的广大地衣群落。

我国和日本有一种珍贵的食品——石耳，及时生长在悬崖绝壁上的一种地衣。不同种类的地衣在世界各国还是土食产品的原料。如，冰岛人把地衣粉加在面包、粥或牛奶中吃；法国用地衣制造巧克力糖和粉粒；有的国家还用地衣制酒。

第二章

植物界的拓荒者

——苔蘚植物

　　苔藓植物是绿色自养性的陆生植物，植物体是配子体，它是由孢子萌发成原丝体，再由原丝体发育而成的。苔藓植物一般较小，通常看到的植物体（配子体）大致可分成两种类型：一种是苔类，保持叶状体的形状；另一种是藓类，开始有类似茎、叶的分化。

　　苔藓植物没有真根，只有假根（是表皮突起的单细胞或一列细胞组成的丝状体）。茎内组织分化水平不高，仅有皮部和中轴的分化，没有真正的维管束构造。叶多数是由一层细胞组成，既能进行光合作用，也能直接吸收水分和养料。苔藓植物约23000种。通常分为苔纲、藓纲及角苔纲。近年来不少学者主张将角苔从苔纲中分出，设角苔纲，与苔纲和藓纲并列。苔藓植物遍布世界各地，多数生长在阴湿的环境中，如林下土壤表面、树木枝干上，沼泽地带和水溪旁、墙角背阴处等，尤以森林地区生长繁茂，常聚集成片。我国约有2800种。常见种类有葫芦藓、地钱、泥炭藓等。苔藓植物是砂碛、荒漠、冻原和裸露岩石上首先出现的植物类群之一，被称为植物界的拓荒者，同时有的种类可直接用于医药。

苔藓植物的分类

苔藓植物全世界约有23000种，我国约有2800种，药用的有21科，43种。根据其营养体的形态结构，通常分为两大类，即苔纲和藓纲。但也有人把苔藓植物分为苔纲、角苔纲和藓纲等三纲。

◆ **配子体**

配子体多为扁平的叶状体，有背腹之分；体内无维管组织；根由单细胞组成的假根。配子体有茎、叶的分化，茎内具中轴，但无维管组织；根由单列细胞组成的分枝假

苔藓植物

根。配子体产生配子，配子融合形成合子。合子萌发形成孢子体，孢子体产生孢子母细胞，孢子母细胞减数分裂产生孢子，孢子萌发产生配子体。

苔藓植物的配子体高一般一至数厘米或十几厘米，最大约30～40厘米。为小型绿色自养的单倍体植物体。外型分为两大类：

①扁平的叶状体，有背腹之分，常无组织分化，具单细胞假根。

②茎、叶分化的茎叶体，无明显的组织分化或具有组织分化而无真正的维管束。茎分化为表皮细胞和薄壁细胞或表皮、皮层薄壁

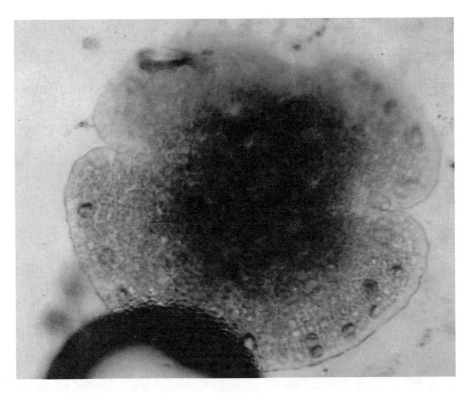

苔藓植物剖面

细胞。叶由一层细胞组成，无叶脉，大多在相当于主脉的位置上有一条中肋，中肋由一群纵向伸长的厚壁细胞组成，主要起支持作用。

◆ 孢子体

孢子体形态简单，有孢蒴、蒴柄和基足组成。孢蒴结构复杂是产生孢子的器官，生于蒴柄的顶端，幼嫩时绿色或棕红色。蒴盖、蒴壶和蒴苔组成。蒴盖是孢蒴顶部圆碟状的盖。蒴壶结构复杂，外为表皮，内侧为数层细胞的蒴壁。其内为含叶绿体的细胞和很多气室，气室为数层细胞组成的外孢囊，再内为一层孢原组织，孢子即由此产生。蒴盖和蒴壶的连接处为数层细胞构成的环带。蒴壶下面为蒴苔，表面有较多的、不能关闭的气孔。

孢蒴成熟时，环带常在干燥的条件下自行卷落，蒴盖也脱落，这种方式称为盖裂。蒴齿对大气的干湿度敏感，干燥时，蒴齿尖端向上方向翘起；潮湿时，齿片又微向下弯。这种变化可从齿片边缘带出一些孢子散出。少量孢子伸长，形成长形细胞，特化为弹丝，蒴壁具螺旋状加厚，在受到干、湿条件的影响下，可发生扭曲弹动，有助于孢子的萌发。孢子萌发产生原丝体，每个原丝体上又可产生"芽体"结构，由此发育成新的配子体。

◆ 原丝体

孢子萌发时产生原丝体，原丝体不发达，不产生芽体，每一个原丝体只形成一个新植物体（配子体）。原丝体发达，在原丝体上产生多个芽体，每个芽体形成一个新的植物体（配子体）。

苔藓植物的特征

（1）多生长于阴湿的环境里，常见长于石面、泥土表面、树干或枝条上，体形细小。

（2）一般具有茎和叶，但茎中无导管，叶中无叶脉，所以没有输导组织，根非常简单，称为"假

苔藓

根"。

（3）所有苔藓植物都没有维管束构造，输水能力不强，因而限制它们的体形及高度。有假根，而没有真根。叶由单层细胞组成，整株植物的细胞分化程度不高，为植物界中较低等者。

（4）有世代交替现象。苔藓植物的主要部份是配子体，即能产生配子（性细胞）。配子体能形成雌雄生殖器官。雄生殖器成熟后释出精子，精子以水作为媒介游进雌生殖器内，使卵子受精。受精卵发育成孢子体。

（5）孢子体具有孢蒴（孢子囊），内生有孢子。孢子成熟后随风飘散。在适当环境，孢子萌发成丝状构造（原丝体）。原丝体产生芽体，芽体发育成配子体。

苔藓植物的分布与生长环境

苔藓植物分布广泛，绝大多数为陆生。主要生活在阴湿的环境，如阴湿的土地、岩石和潮湿的树干、背阴的墙壁上、温暖多雨地区的森林等。在树干、树叶上都有生长，也有些种类生于裸露的岩面，耐旱力很强。比苔类植物耐低温，在温带、寒带、高山冻原、森林、沼泽，常能形成大片群落。苔藓植物对大气中的SO_2很敏感，可作为大气污染监测植物。

苔藓盆景

地　钱

地 钱

地钱苔纲地钱科的代表种。广泛分布于全世界。植物体为叶状体扁平，带状，多回二歧分枝，淡绿色或深绿色，宽约1厘米，长可达10厘米，边缘略具波曲，多交织成片生长。背面具六角形气室界限，气孔口为烟突式，内着生多数直立的营养丝。营养繁殖借着生叶状体前端芽胞杯中的多细胞圆盘状芽胞大量繁殖。

地钱是雌雄异株植物，当有性生殖的时候，雄株生出雄生殖托内生许多精子器，雌株生出雌生殖托内生卵瓶器。雌雄生殖器官成熟后，精子器内的精子逸出器外，以水为媒介，游入成熟的卵瓶器内。精子和卵结合成为受精卵，即合子，合子发育成胚。由胚进一步发育成孢子体。孢子在适宜环境中发育为原丝体，原丝体发育成雌、雄配子体（植株）。多生于阴湿土坡草丛下或溪边碎石上，有时也生长于水稻田埂和乡间房屋附近。入药可清热解毒。

金发藓

金发藓外型粗壮而犹如松杉类幼苗，植物体高数厘米至数十厘

金发藓

米。茎有中轴的分化，基部有为数较多的红棕色假根。叶较硬挺，有多层细胞，腹面着生多数绿色单层细胞的栉片；叶边具粗齿；中肋宽阔，几乎占整个叶面。蒴柄红棕色，长数厘米。孢蒴为具四棱的椭圆形，台部明显。蒴齿64个。蒴盖扁圆锥形，蒴帽被多数金黄色纤毛。在酸性而湿润的针叶林林地，该种多成大片生长，并常与灰藓属或白发藓属植物混生。金发藓全株可药用，有败毒止血功效。

葫芦藓

葫芦藓属于苔藓植物门藓纲，葫芦藓科。无种子植物，用孢子繁殖，生长在阴湿的环境中，苔藓类植物，无根，有茎、叶。植物体矮小，只有 1～3厘米，有茎和叶的分化，叶又小又薄，无叶脉，呈卵形或舌形。稀分枝，黄绿色，无光泽，多丛集成小片状。叶常簇生茎的上部，阔舌形，全缘；中肋单一，近叶尖部消失；叶细胞疏松六角形，近基部为长方形，薄壁。多雌雄同株。没有真正的根，只有短

葫芦藓

而细的假根，起固着植物体的作用。生长在含有机质丰富的湿地，常见于庭园、田圃及山林焚烧后的烬土上，分布于世界各地。

吸水能力最强的植物——泥炭藓

藓纲泥炭藓科的唯一代表属。原丝体呈片状。植物体柔软，灰白色或灰绿色，高可达数十厘米而呈垫状生长。茎纤细，单生或稀分枝，表皮细胞大形，无色，有时具水孔和螺纹。叶细胞大形，无色透明，具水孔和螺纹加厚，间有狭长形的绿色细胞。孢蒴球形，成熟时

泥炭藓

呈紫黑色，盖裂，由柔弱、透明的假蒴柄自茎顶伸出。孢子四分型。在系统上为藓类植物的最原始分类群，约100种，泥炭藓植物习生于高山和林地的沼泽中，或经常有滴水的岩壁下洼地及草丛内。分布于世界各地，尤其在北温带分布较广。

泥炭藓植物可吸蓄为其自身重量的20～25倍的水分，它在森林地区过分生长往往导致森林的毁灭。第一次世界大战时，因缺乏药棉，加拿大、英国、意大利等国曾利用泥炭藓类植物的吸水特性代替棉花制作敷料。由泥炭藓和其他植物长期沉积后形成的泥炭，其1吨的燃料热量相当于0.5吨的煤。泥炭藓植物迄今仍为苗木、花卉等长途运输的最佳包装材料。

万年藓

①形态特征：万年藓属植物。大型树状，青绿色或黄绿色，略具光泽，散生成片。主茎匍匐伸展，密被红棕色假根；支茎直立，长达6～7厘米，下部不分枝，密被鳞片状叶片，上部密分枝呈树形；枝细长；茎与枝均着生多数分枝鳞毛。茎叶与枝叶异形。茎叶阔心脏形，枝叶卵状披针形，基部宽阔，呈耳状，具多数弱纵褶；叶边上部具粗齿；中肋单一，消失于叶片上部；叶细胞线形，角部细胞形大，疏松，薄壁，透明。雌雄异株。蒴柄红棕色，高由于植物体。孢蒴直

万年藓

立，长卵形。

也有。

②生境分布：习生于湿润林地或溪边。分布于我国北部和西南高山林区。在北半球其他地区

③用途：在温室中或布置盆景时可用以作为松柏类幼苗，使盆景富有特色。

 植物百花园

苔藓的经济价值

苔藓植物有的种类可直接用于医药方面。如金发藓属的部分种（即

苔藓盆景艺术

本草中的土马骔），有败热解毒作用，全草能乌发、活血、止血、利大小便。暖地大叶藓对治疗心血管病有较好的疗效。而一些仙鹤藓属、金发藓属等植物的提取液，对金黄色葡萄球菌有较强的抗菌作用，对革兰氏阳性菌有抗菌作用。

另外苔藓植物因其茎、叶具有很强的吸水、保水能力，在园艺上常用于包装运输新鲜苗木，或作为播种后的覆盖物，以免水分过量蒸发。此外，泥炭藓或其他藓类所形成的泥炭，可作燃料及肥料。总之，随着人类对自然界认识的逐步深入，对苔藓植物的研究利用，也将进一步得到发展。当某个地方环境很好、空气质量高时，石头缝中一般会出现苔藓。所以，有苔藓出现的地方，多为环境好的地方。

第三章

敏感的蕨类植物

　　蕨类应是第一批陆地植物，4亿年前大气中游离氧浓度上升到现代大气的10%（另一估计是达到现代大气含氧量），臭氧层厚度已能把到达地面的紫外线辐射降低到无碍生命活动的程度，这就为植物在陆地环境生存和进化创造了重要的条件，而植物体内维管束组织的分化和完善，有力地支持了登陆植物高生长和扩大同化作用面积，提高生产能力。英国晚志留纪地层中出现的裸蕨类，高仅数厘米，体轴直径不到2毫米，但已有简单的维管组织。各种裸蕨约繁衍7000万年后逐渐衰亡。木本的石松类、木贼类和真蕨类根茎叶分化加强，在3.6～2.6亿年前的湿地中生长并异常繁茂形成高大的森林景观，其后躯体被掩埋转化为储量庞大的煤炭层。木本蕨类植物的优势延续约1.7亿年，古生代末至三叠纪，气候明显变干，大部分木本蕨类植物绝灭。

蕨类植物

裸蕨纲

裸蕨纲是最古老、最原始的维管束植物,根茎叶分化很不完善。现代生存的仅有松叶蕨属数种,分布在热带和亚热带(我国川、滇、闽、粤诸省均有分布),高几十厘米,茎绿色,分枝上疏生叶状突

松叶蕨

起，叶腋有三个孢子囊联生在一起，近年发现它的圆柱状配子体生长在泥土中，长仅十几毫米。

◆ 松叶蕨

松叶蕨是目前所知最古老最原始的陆生高等植物。松叶蕨亚门植物是原始的陆生植物类群，孢子体分匍匐的根状和直立的气生枝，无根，仅在根状茎上生毛状假根，这和其他维管植物不同。气生枝二叉分，具原生中柱，很多古代的种类无叶，现在生存的种类具小型叶，但无叶脉或仅有单一叶脉。孢子囊大都生在枝端，孢子圆形，这些都是比较原始的性状。

松叶蕨亚门的植物绝大部分已经绝迹，成了化石植物，现代生存的裸蕨植物，仅存松叶蕨目，包含二个小属，即松叶蕨属和梅溪蕨属。前者有2种，我国仅有松叶蕨一种，产热带和亚热带地区。后者仅一种梅溪蕨，产澳大利亚、新西兰及南太平洋诸岛。

石松纲

本类植物孢子体有多细胞的根，小型的叶为鳞片状突起。孢子囊生在特殊的叶上或其腋部，并受叶的保护，此叶叫做孢子叶。有的孢子叶聚集成穗状，称为孢子叶穗。现代生存种类一般不足50厘米高，或匍伏地上。石松目植物叶螺旋状排列，同型，石松属多分布于

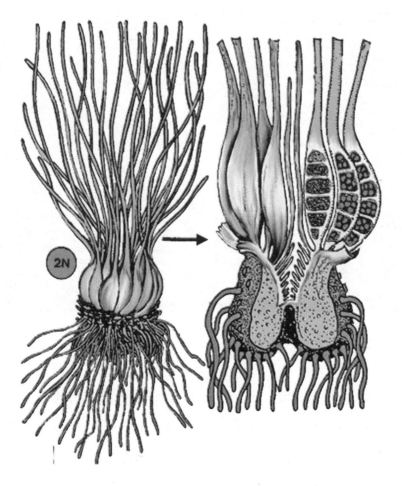

水　韭

强酸性土壤上，我国约17种。卷柏目仅含一科一属，卷柏叶成四行排列，二型，基部有小舌状体（叶舌），我国约50种，分布甚广。

　　水韭类曾列为本纲中一目，亦有单成一纲之说。水韭属现约60余种，茎短、叶长柱形而丛生，多分布于水中或湿地。中国有2种水韭，见于长江以南地区。

石　松

◆ **石　松**

　　石松类植物已经有根、茎、叶之分化，茎直立，为二歧式分枝，叶为小型叶，多为针状，叶的基部膨大，在茎、枝的表面留下的印痕叫叶座。石松类植物化石最主要保存类型是茎、枝表面叶座的印痕。这类植物在志留纪时数量较少，在随后的泥盆纪、石炭纪达到繁盛，并成为重要的造煤植物。该物种为中国植物图谱数据库收录的有毒植物，其毒性为全草有小毒。

　　主要原产于热带山区，也常见于南北半球北部森林。生活史有世代交替现象，有性世代生活于地下。欧石松（即鹿角石松）原产于北半球，见于开阔、干燥的林地和多岩石地区；具有长达3公尺的匍匐茎和10厘米分高的直立分枝；鳞片状绿叶紧密著生；孢子叶沿棒状孢子叶球单个或成对排列。扇形扁叶石松原产于北美北部，具小枝状扇形分枝，很像桧属植物。光泽石松是一个北美种，见于潮湿林地和岩石间，无明显的孢子叶球，孢蒴沿小枝散生于叶基部。卷柏状石松高20厘米，原产於北半球，见于岩石和沼泽边缘，也无明显的孢子叶球。玉柏石松高25厘米，原产于北美北部的潮湿林地和沼泽边缘，向南分布山区，可远至亚洲东部，有地下匍匐茎。高山石松叶淡黄色或淡灰色，原产于北美北部和欧亚寒冷森林和高山。

◆ 卷柏——九死还魂

卷柏卷缩似拳状，长3～10厘米。枝丝生，扁而有分枝，绿色或棕黄色，向内卷曲，枝上密生鳞片状小叶，叶先端具长芒，中叶（腹

卷 柏

叶）两行，卵状矩圆形，斜向上排列，叶缘膜质，有不整齐的细锯齿。背叶（侧叶）背面的膜质边缘常呈棕黑色。基部残留棕色至棕褐色须根，散生或聚生成短干状。质脆，易折断。无臭，味淡。

卷柏的奇特之处是它极耐干旱的本领和"死"而复生的特性。但它的生长环境却很特殊，往往生长在干燥的岩石缝隙中或荒石坡上。

在这样的环境中，水分的供应没有保障，仅在下雨时有一些过路水迅速流过。但卷柏凭借着有水则生、无水则"死"的生存绝技，不但旱不死，反而代代相传繁衍生息。有水时，卷柏枝叶舒展翠绿可人，尽量吸收难得的水分。一旦失去水分供应，就将枝叶拳曲抱团，并失去绿色，像枯死了一样。因此在民间人们又称它为还阳草、还魂草、长生草、万年青。科学家则称这种小草为"复苏植物"。

◆ 水 韭

水韭约60余种。多原产于北美北部和欧亚大陆多沼泽、寒冷的地区。形小，叶禾草状或翩状，螺旋排列，具中央导管和4个通气道，中

中华水韭

有横隔分成数腔，叶基处有叶舌。茎球茎状或块茎状，下面生根，上面生叶。孢蒴大，圆形至长圆形，生于叶舌与叶基间，叶基生有一小而薄的叶舌。水韭全年或一年的部分时间沉生在水中，少数种为陆生。原产于欧亚的普通水韭，即湖沼水韭和北美的大孢水韭极其相似，均为水生，叶长而尖，坚硬，深绿色，围绕一短粗的基部生长。意大利水韭叶较长，螺旋状排列，漂浮在水面。沙水韭是一个不引人注意的欧洲陆生种，叶窄，长5~7厘米，从肥大的白色基部丛中长出，反弯到地面。中国主要有中华水韭、云贵水韭、高寒水韭、台湾水韭、东方水韭等。

木贼纲

木贼纲又称楔叶植物，茎具有明显的节和节间，叶小鳞片状轮生，孢子囊生于枝顶，孢子叶状孢子同型，游动精子具多数鞭毛。

现代木贼科木贼属约有25种，除澳大利亚大陆外，全球皆有木贼科分布。

◆ 木 贼

木贼别名节骨草、无心草，根茎短，棕黑色，匍匐丛生；营养茎与孢子囊无区别，多不分枝，高达60厘米以上，直径4~10毫米，表面具纵沟通18~30条，粗糙，灰绿色，有关节，节间中空，节部有实

木 贼

生的髓心。叶退化成鳞片状基部连成筒状鞘，叶鞘基部和鞘齿成暗褐色两圈，上部淡灰色，鞘片背上有两面三刀条棱脊，形成浅沟。孢子囊生于茎顶，长圆形，无柄，具小尖头。该物种起源于泥盆纪时期，在石炭纪时期特别兴盛，当时一些种类可生长到三十米高。木贼是规则对称的植物，茎干有节而叶子为圆形状。现今仍存有一些种类，但没有一种其高度超过数米。生于坡林下阴湿处、河岸湿地、溪边，喜阴湿的环境，有时也生于杂草地。

◆ **犬问荆**

犬问荆多年生草本，高15～30

厘米，根状茎黑褐色。地上茎只有种类型，分枝轮生，稀单一，中心孔小型，有6～10条棱脊，表面有横的波状突起。叶鞘漏斗状，主枝的鞘齿三角状披针形，顶端黑褐色，有白色膜质的宽边。孢子囊穗长圆形，和长15～25毫米，钝头，有短柄。

犬问荆生长在湿地、水边。海拔约1200米。含犬问荆碱，地上部分可做药用，功能与主治：清热消炎，止血，利尿。治疗尿道炎、肠出血、痔出血、咯血、咳血。

犬问荆

◆ 问 荆

问荆为多年生草本。根茎匍匐生根，黑色或暗褐色。地工茎直立，2型。营养茎在孢子茎枯萎后生出，有棱脊6~15条。叶退化，下部联合成鞘，鞘齿披针形，黑色，边缘灰白色，膜质；分枝轮生，中实，有棱脊3~4条，单一或再分枝。孢子茎早春先发，常为紫褐色，肉质，不分枝，鞘长而大。孢子囊穗5~6月抽出，顶生，钝头，长2~3.5厘米；孢子叶六角形，盾状着生，螺旋排列，边缘着生长形孢子囊。孢子一形。

问荆生于溪边或阴谷。分布于江西、安徽、贵州、四川、西藏、新疆、陕西、山东、河北及东北等地。该物种为中国植物图谱数据库收录的有毒植物，其毒性为全草有毒，牲畜如少量长期误食则呈慢性中毒，出现消瘦、下痢等现象。

问 荆

真蕨纲

真蕨的现代种类繁多（共14科约8000种），大部是草本，热带有少数树蕨如莲座蕨属，桫椤属。

除树蕨外，真蕨只具伸展土中的根状茎，上生大型叶，叶脉有不同分叉。孢子囊分布在叶背面，常聚合成囊群，上覆膜质囊群盖或缺。

常见的真蕨有蜈蚣草、芒萁、蕨、狗脊蕨、鳞毛蕨属、蹄

蜈蚣草

铁线蕨

盖蕨属等。此外在淡水中还生有槐叶苹等。

种子植物各门合称孢子植物。

有的蕨类（如卷柏等）的孢子有大小型区别。大孢子发生于大孢子囊中，以后长成雌配子体，小孢子发生于小孢子囊中，以后长成雄配子体。如果大（小）孢子囊着生在叶片（或者变态叶）上，则后者称为大（小）孢子叶。蕨类植物与种子植物合称维管束植物，又与非

◆ 铁线蕨

多年生草本，高15～40厘米。根状茎横走，黄褐色，密被条形或披针形淡褐色鳞片，长10～25厘米，宽8～16厘米，中部以下为二回羽状复叶；羽片互生，小羽片斜扇形，基部阔楔形，边缘浅裂至深裂，裂片有微群圆形着生于叶背面

裂片顶端；囊群盖由小叶顶端的叶缘向下面反折而成。根状茎横生，密生棕色鳞毛，叶柄细长而坚硬，似铁线，故名铁线蕨。叶片卵状三角形，2～4回羽状复叶，细裂，叶脉扇状分叉，深绿色。孢子囊群生于羽片的顶端。

◆ **满江红**

满江红生长在水田或池塘中的小型浮水植物。幼时呈绿色，生长迅速，常在水面上长成一片。秋冬时节，它的叶内含有很多花青素，群体呈现一片红色，所以叫做满江红。个体很小，径约1厘米，呈三角形、菱形或类圆形。根状茎细弱，横卧，羽状分枝，须根下垂到水中。叶细小如鳞片，肉质，在茎上排列成两行，互生；每一叶片都深裂成两瓣：上瓣肉质，浮在水面上，绿色，秋后变红色，能进行光合作用；下瓣膜质，斜生在水中，

满江红

没有色素；孢子囊果成对生于分枝基部的沉水叶片上。满江红常与蓝藻中的项圈藻（鱼腥藻）共生，项圈藻能固定大气中的氮气。因此，满江红可以作为水稻的优良绿肥，也可作鱼类和家畜的饲料。

◆ 肾 蕨

　　肾蕨又称蜈蚣草，是肾蕨属多年生常绿草本观叶植物。肾蕨为中型地生或附生蕨，株高一般30～60厘米。地下具根状茎，包括短而直立的茎、匍匐匐茎和球形块茎三种。直立茎的主轴向四周伸长形成匍匐茎，从匍匐茎的短枝上又形成许多块茎，小叶便从块茎上长出，形成小苗。肾蕨没有真正的根系，只有从主轴和根状茎上长出的不定根。地部（即从根茎上长的叶）呈簇生披针形，叶长30～70

肾 蕨

厘米、宽3～5厘米，一回羽状复叶，羽片40～80对。初生的小复叶呈抱拳状，具有银白色的茸毛，展开后茸毛消失，成熟的叶片革质光滑。羽状复叶主脉明显而居中，侧脉对称地伸向两侧。孢子囊群生于小叶片各级侧脉的上侧小脉顶端，囊群肾形。

肾蕨原产于热带亚热带地区，适宜生长于富含腐殖质、渗透性好的中性或微酸性疏松土壤。肾蕨的繁殖能力非常强，可通过多种途径繁殖，但最常用的是分株繁殖。此外，还可采用孢子繁殖。肾蕨是目前国内外广泛应用的观赏蕨类。它栽培甯容易、生长健壮，粗放管理就能达到很好的观赏装饰效果。它株形直立丛生，复叶深裂奇特，叶色浓绿且四季常青，形态自然潇洒，广泛地应用于客厅、办公室和卧室的美化布置，尤其用作吊盆式栽培更是别有情趣，可用来填补室内空间。

◆ 蕨类植物中的"大熊猫"
　——桫椤

在距今约1.8亿万年前，桫椤曾是地球上最繁盛的植物，与恐龙一样，同属"爬行动物"时代的两大标志。但经过漫长的地质变迁，地球上的桫椤大都罹难，只有极少数在被称为"避难所"的地方才能追寻到它的踪影。现在是我国的一级珍稀濒危保护植物。

桫椤属树蕨，是一种喜欢高温高湿的木本蕨类植物，植株可以高达10米，生长在我国南方林下或溪边阴地。它的孢子体生长缓慢，生殖周期较长，孢子萌发和配子体发育以及配子的交配都需要温和而湿润的环境。由于森林植被覆盖面

桫椤

积缩小，现存分布区内生境趋向干燥，致使配子体生殖环节受到严重妨碍，林下幼株稀少。加之茎干可作药用和用来栽培附生兰类，致常被人砍伐，植株日益减少，有的分布点已消失，垂直分布的下限也随植被的缩小而上升。若不进行保护，将会导致分布区缩小，以致于灭绝。

◆ **七指蕨**

七指蕨为多年生陆生蕨类植物，植株高30～55厘米。根状茎粗壮横走，有多数肉质粗根，近顶部生叶1～2片，叶柄长20～40厘米，基部有两篇长圆形的肉质托叶，即顶部有生出不育叶和孢子囊穗。不育叶通常3叉，长宽均为15～25厘米，每叉有1片顶生羽片和1～2对

桫　椤

七指蕨

◆ 阴地蕨

阴地蕨是多年生草本，高20厘米以上。根茎粗壮，肉质，有多数纤维状肉质根。营养叶的柄长3～8厘米，叶片三角形，长8～10厘米，宽10～12厘米，3回羽状分裂，最下羽片最大，有长柄，呈长三角形，其上各羽片渐次无柄，呈披针形，裂片长卵形至卵形，宽0.3～0.5厘米，有细锯齿，叶面无毛，质厚。孢子叶有长梗，长12～22厘米；孢子囊穗集成圆锥状，长5～10厘米，3～4回羽状分枝；孢子囊无柄，黄色，沿小穗内侧成两行排列，不陷入，横裂。生于山区的草坡灌丛阴湿处。阴地蕨分布于湖北、湖南、江西、安徽、浙江、台湾、福建、贵州、四川、广西等地。

侧生羽片组成，基部有略具狭翅的短柄，羽片长10～18厘米，宽2～4厘米，披针形，先端短渐尖，基部楔形，无柄下延，侧脉分叉。孢子囊穗的柄长6～8厘米。穗长达13厘米，通常高出不育叶；孢子囊无柄，3～5枚聚生于囊托上，顶端有不育的鸡冠状凸起。

第四章

赤裸着种子的植物

——裸子植物

当古生代的蕨类植物形成地球上第一次原始森林的时候，比蕨类植物更加进步的裸子植物已经在泥盆纪晚期悄然出现了。但是在当时，地球上的气候温暖潮湿，蕨类植物的发展更为顺利，裸子植物还不能获得优势。到了二叠纪晚期，气候转凉而且变得干燥，蕨类植物不能很好地适应这样的新环境，逐渐退出了植物王国的中心舞台，裸子植物开始发挥出其潜在的优越性而得到了较大的发展，并将它的繁盛一直持续到白垩纪晚期。可以说，爬行动物王国里的植被是以裸子植物为特征的。

裸子植物是地球上最早用种子进行有性繁殖的，在此之前出现的藻类和蕨类则都是以孢子进行有性生殖的。裸子植物的优越性主要表现在用种子繁殖上。裸子植物的配子体不脱离孢子体独立发育，而是受到母体保护；它的受精不需要水作为媒介，而是采用干受精的方式。受精卵在母体里发育成胚，形成种子，然后脱离母体。此时如果遇到不利条件，种子可以不马上萌发，但却继续保持着生命力，待到条件合适时，它们再萌发成为新的植物体。因此，裸子植物保存和延续种族的能力就大大增强了。

裸子植物的进化历程

当古生代的蕨类植物形成地球上第一次原始森林的时候，比蕨类植物更加进步的裸子植物已经在泥盆纪晚期悄然出现了。但是在当时，地球上的气候温暖潮湿，蕨类植物的发展更为顺利，裸子植物还不能获得优势。

到了二叠纪晚期，气候转凉而

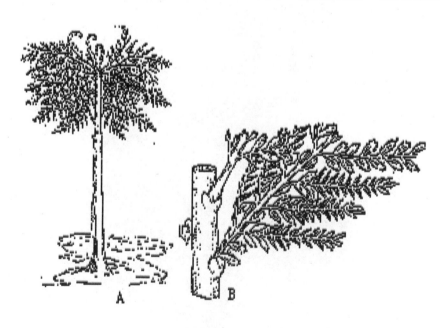

A.无脉蕨；B.古蕨

无脉蕨和古蕨

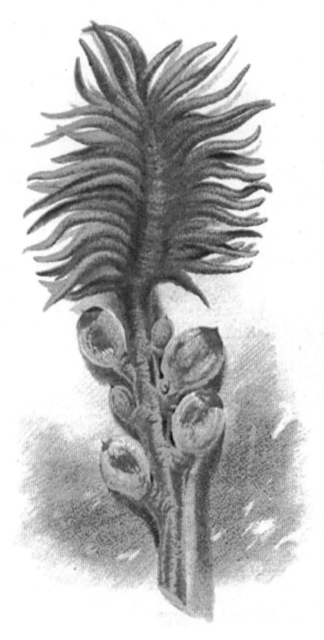

裸子植物

且变得干燥，蕨类植物不能很好地适应这样的新环境，逐渐退出了植物王国的中心舞台，裸子植物开始发挥出其潜在的优越性而得到了大发展，并将它的繁盛一直持续到白垩纪晚期。可以说，爬行动物王国里的植被是以裸子植物为特征的。

二叠纪晚期之前，蕨类植物之所以能够得到大量繁殖，主要依靠其孢子体产生大量孢子，飞散到各处，在温暖潮湿的气候条件下，很容易萌发成为配子体；配子体独立生活，在水的帮助下受精形成合子，合子萌发后形成新一代的孢子体。但是在干燥的气候条件下，孢子很难萌发成配子体，萌发出的配子体也不易存活；特别是，没有水不能受精，这就使蕨类植物的繁殖不能正常进行。

裸子植物的特征

裸子植物起源于既有真蕨类特征，又有裸子植物特征的植物，即前裸子植物，其中包括古羊齿类和戟枝蕨类。古羊齿类生活在4亿多年前的晚泥盆世，主茎有1.6米粗、35米高。戟枝蕨类生活在中泥盆世到晚泥盆世，有主茎和枝系之分，可高达10多米。

在晚泥盆世，由前裸子植物进化出一支乔木状的植物。它的叶子大多是典型蕨叶型的羽状复叶，但是却有种子，因此被称为种子蕨。种子蕨虽然有了种子，但却没有胚；虽然有了花粉粒，但是还没有花粉管，也就没有花。这一方面证明了种子蕨是处于原始状态的种子

巢 蕨

植物的先驱，另一方面也证明了植物系统发育中种子的出现早于花和果实。

在此基础上，裸子植物分化出了苏铁类和松杉类两大类，并在中生代得到蓬勃的发展，成为爬行动物王国里植被中的优势成员。

裸子植物的大孢子囊（称为胚珠）裸露，里面部分称为珠心，外有珠被包围。珠心内分化出大孢子，但只一个发育成雌配子体。小孢子囊又称花粉囊，里面产生大量小孢子（花粉粒），小孢子形成只具2～3个细胞的雄配子体。花粉被风传送到胚珠，长出管状细胞（花粉管）将已形成的精子输入珠心并与雌配子体（称为胚囊）中的卵细胞结合。受精卵在胚珠内长成胚，此外尚有由母体（珠心）残存物发展而来的营养组织胚乳，这一切连同由珠被转化而成的种皮等共同构成种子。由于胚珠裸露，由它转化

裸子植物

而成的种子也是裸露的，所以本类群称为裸子植物。

裸子植物的营养体全部为木本，枝茎里木质部很发达，但一般只有管胞而稀具导管。叶呈针形、鳞形、线形、稀为扇形、椭圆形或退化成鞘状。花单性（即大孢子叶穗与小孢子叶穗分生），雌雄同株或异株。

裸子植物的纲类

裸子植物出现于古生代，在中生代最为繁盛，后来由于地史的变化，逐渐衰退。现代裸子植物约有800种，隶属5纲，即苏铁纲、银

苏　铁

杏纲、松柏纲、红豆杉纲和买麻藤纲。现存的裸子植物分为四纲：

◆ **苏铁纲**

苏铁纲植物具有聚生于顶的大型羽状复叶，基干不分枝，精子具鞭毛，仅存苏铁科，包括9属110多种，皆生于热带、亚热带。常见的有苏铁，在热带高达20米，北方温室栽培不足1米，茎内淀粉可供食

银 杏

用，种子可供药用。

子（白果）可供食用及药用。

◆ 银杏纲

银杏纲植物在中生代甚为繁盛，当时有15属以上，现仅存1属1种，为我国特产。银杏是古老的孑遗植物，高可达40米，叶扇状，种

◆ 松杉纲

松杉纲植物为现代最多见的裸子植物，包括8科55属约700种。主干发达，输导组织有管胞而无导管，叶针形、线形、鳞形、刺形或

杉 树

披针形。松科、杉科、柏科多分布在北半球，在我国种类很多，常形成大面积森林，具有重要经济价值与地理意义。南洋杉科与罗汉松科主要产于南半球。

◆ **买麻藤纲**

买麻藤纲植物分为三目，均仅含一科一属。它的特征有些接近被子植物，例如具有导管、雄配子无鞭毛、配子体很退化等。麻黄属分布于世界温暖干旱地区，叶对生但退化呈鳞片状。麻黄在我国常见，含麻黄碱供药用。买麻藤叶具羽状脉，在我国南部常见。百岁兰属只一种产于南非荒漠中，为矮小木本植物，具两个对生革质带状叶片。

麻 黄

苏铁纲植物

苏铁纲植物茎干通常粗壮，不分枝。羽状复叶，集生于树干顶端。雌雄异株。精子有纤毛。仅1目，1科。下面就此纲类的代表植物苏铁作简要介绍。

◆ **苏铁概述**

苏铁又名凤尾蕉、避火蕉、凤尾松、铁树等，在民间，"铁树"这一名称用得较多，一说是因其木质密度大，入水即沉，沉重如铁而

苏 铁

得名；另一说因其生长需要大量铁元素，即使是衰败垂死的苏铁，只要用铁钉钉入其主干内，就可起死回生，重复生机，故而名之。苏铁为常绿木本，树干粗短。圆柱状，常不分枝，呈棕榈状。叶多为一回羽状复叶，螺旋状排列于树干上部。雌雄异株；雄球花为一木质大球花，直立，具柄，单生于茎顶，由多数的鳞片状或盾形的小孢子叶构成，每个小孢子叶下面遍布多数球状的小孢子囊，小孢子（花粉粒）发育所产生的精子细胞有多数纤毛；大孢子叶叶状或盾状，丛生于茎顶。种子核果状，有3层种皮。胚乳丰富。

◆ **苏铁的形态特征**

苏铁为常绿乔木，高可达20米。茎干园柱状，不分枝。仅在生长点破坏后，才能在伤口下萌发出丛生的枝芽，呈多头状。茎部密被宿存的叶基和叶痕，并呈鳞片状。叶从茎顶部生出，羽状复叶，大型。小叶线形，初生时内卷，后向上斜展，微呈"V"字形，边缘显著向下反卷，厚革质，坚硬，有光泽，先端锐尖，叶背密生锈色绒毛，基部小叶成刺状。雌雄异株，6～8月开花，雄球花圆柱形，黄色，密被黄褐色绒毛，直立于茎顶；雌球花扁球形，上部羽状分裂，其下方两侧着生有2～4个裸露的胚球。种子10月成熟，种子大，卵形而稍扁，熟时红褐色或橘红色。

俗话说"铁树开花，哑巴说话""千年铁树开了花"或"铁树开花马长角"，比喻事物的漫长和艰难，甚至根本不可能出现。但实际上并非如此，尤其是在热带地区，20年以上的苏铁几乎年年都可以开"花"。苏铁雌雄异株，花形各异，花期6～8月，雄球花长椭圆形，挺立于青绿的羽叶之中，黄褐色的"花球"，内含昂然生机，外

果子成熟的苏铁

苏铁开花

溢虎虎生气，傲岸而庄严；雌球花扁圆形，浅黄色，紧贴于茎顶，如淡泊宁静的处女，安详而柔顺地接受热带、亚热带阳光的照射。其实铁树是裸子植物，只有根、茎、叶和种子，没有花这一生殖器官，所以，铁树的花，是它的种子。

◆ **苏铁的生态习性**

苏铁喜光，稍耐半阴。喜温暖，不甚耐寒，上海地区露地栽植时，需在冬季采取稻草包扎等保暖措施。喜肥沃湿润和微酸性的土壤，但也能耐干旱。生长缓慢，10

余年以上的植株可开花。

苏铁的株形美丽、叶片柔韧、较为耐荫，其既可室外摆放，又可室内观赏，由于其生长速度很慢，因此售价较高。苏铁喜微潮的土壤环境，由于它生长的速度很慢，因此一定要注意浇水量不宜过大，否则不利其根系进行正常的生理活动。从每年3月起至9月止，每周为植株追施一次稀薄液体肥料，能够有效地促进叶片生长。苏铁喜光照充足的环境。尽量保持环境通风，否则植株易生介壳虫。苏铁喜温暖，忌严

寒，其生长适温为20℃～30℃，越冬温度不宜低于5℃。

◆ 苏铁的价值用途

苏铁的叶子可收敛止血，解毒止痛。其花可以理气止痛，益肾固精。其种子可以平肝，降血压。其根可以祛风活络，补肾。苏铁树形古雅，主干粗壮，坚硬如铁；苏铁叶为羽毛状，向四周伸展，如孔雀开屏，极富观赏性；羽叶洁滑光亮，四季常青，为珍贵观赏树种。南方多植于庭前阶旁及草坪内；北方宜作大型盆栽，布置庭院屋廊及厅室，殊为美观。西双版纳有的少数民族采其嫩叶作蔬菜；苏铁种子大小如鸽卵，略呈扁圆形，金黄色，有光泽，少则几十粒，多则上百粒，圆环形簇生于树顶，十分美观，有人称之为"孔雀抱蛋"，在贵州，有的农民将其剥皮后与猪脚一同炖吃。苏铁树干髓心含淀粉，可食用，又可作酿酒的原料，能提高出酒率。

苏 铁

银杏纲植物

银杏纲植物为乔木，多分枝，有长、短枝区分。叶扇形，二裂，二叉脉序。花单性异株。精子多纤毛。种子核果状。仅1目，1科。

◆ **世界上最古老的树种之——银杏**

银杏为落叶乔木，枝有顶生营养性长枝和侧生的生殖性短枝之分。单叶，扇形，具柄，长枝上的叶螺旋状散生，2裂，短枝上的叶丛生，常具波状缺刻。球花单性异株，生于短枝上；雄球花成柔荑花序状，雄蕊多数，各具2药室，花粉粒萌发时产生2个多纤毛的精

苏铁的果实

于；雌球花极为简化，有长柄，柄端生两个杯状心皮，裸生2个直立胚珠只1个发育。种子核果状；外种皮肉质，成熟时橙黄色；中种皮白色、骨质，内种皮棕红色，纸质，可分为上下两半，上半又分为2层，这一半纸质种皮是珠心的表皮和珠被分离的部分；胚乳丰富；子叶2枚。

银杏最早出现于3.45亿年前的石炭纪。曾广泛分布于北半球的欧、亚、美洲，中生代侏罗纪银杏曾广泛分布于北半球，白垩纪晚期开始衰退。至50万年前，发生了第四纪冰川运动，地球突然变冷，绝大多数银杏类植物濒于绝种，在一欧洲、北美和亚洲绝大部分地区灭绝，只有中国自然条件优越，才奇迹般的保存下来。所以，被科学家称为"活化石""植物界的熊猫"。

银杏果

银杏叶

松杉纲植物

松杉纲植物为木本，茎多分枝，常有长、短枝之分，具树脂道。叶针状、鳞片状、稀为条状。孢子叶常排成球果状，单性同株或异株。花粉有气囊或无气囊，萌发时精子无纤毛。

◆ **南洋杉科**

南洋杉属常绿乔木，原产澳大利亚诺和克岛，它的名称繁多，按属地称谓有英杉、澳杉、诺和克杉、南洋杉。按叶称谓有异叶南洋杉、小叶南洋杉、美丽南洋杉，按

南洋杉

形态称有塔式南洋杉、海南南洋杉等。我国引进有肯氏南洋杉和诺和克南洋杉等品种，肯氏南洋杉主干直立整树呈塔型，枝轮生水平伸出，轮距均匀、层次分明，无刺，外观端庄。为观叶植物上品，多为盆栽。而诺和克杉为园林观赏佳品，地栽可达30米以上高度，喜温暖和阳光，既能忍受40℃高温，也能耐得零下5℃的低温，可在北纬27℃线左右露地生存（诺和克岛位于南纬27℃）。

◆ 贝壳杉

贝壳杉为常绿大乔木。高20～30米以上。树皮厚，含有树脂，嫩枝灰白色；叶片窄披针形，长2.5～8厘米宽0.5～1厘米，老树的叶片较树小，革质、灰绿色；雄花序长2.5～4厘米；球果卵圆形或圆形，宽5～8厘米，鳞片宽0.8厘米；种子具有一较大的翅。同属植

澳大利亚贝壳杉

物约15种。其中有几种及相似，甚至可以把它们认为是同一种。其材质优良。澳大利亚贝壳杉在一段时期内是新西兰木材、贝壳杉松脂和能源的主要来源，但现在已成为珍稀植物。

贝壳杉幼苗喜半阴，大树喜阳光。用排水良好的腐殖土盆栽，越冬温度不低于10℃。分布在澳大利亚、新西兰、新几内亚岛、斐济、菲律宾和马来西亚等某些太平洋岛屿。

◆ **异叶南洋杉**

异叶南洋杉为长绿乔木、树干端直，树冠塔形，大枝平伸。小枝平展而下垂。叶二型，幼枝及侧生小枝的叶排列疏松，展开，呈锥形，亮绿色，向上弯曲，质软，表面有多数气孔线及白粉；大树及老枝之叶，排列较密，微展开，宽卵形或三角状卵形，叶面具多条气孔线和白粉。雄球花单生枝顶，圆柱形。球果近圆形，苞鳞刺状，种子椭圆形，两侧具宽翅。

异叶南洋杉

异叶南洋杉产于广东、海南、福建等省。喜光，畏寒，适生于温润、肥沃、排水良好的土壤。繁殖方法有播种和扦插两种，以播种繁殖为主。球果成熟采收后即可砂播。树形优美，是珍贵的观赏树种。宜作园景主行道树或纪念碑像的背景树。盆栽可作门庭、室内装饰用。

◆ 雪 松

雪松为常绿乔木，大枝一般平展，为不规则轮生，小枝略下垂。树皮灰褐色，裂成鳞片，老时剥落。叶在长枝上为螺旋状散生，在短枝上簇生。叶针状，质硬，先端尖细，叶色淡绿至蓝绿。雌雄异株，稀同株，花单生枝顶。球果椭圆至椭圆状卵形，成熟后种鳞与种子同时散落，种子具翅。花期为10~11份，雄球花比雌球花花期早10天左右。球果翌年10月份成熟。

雪松原产于喜马拉雅山地区，

雪　松

广泛分布于不丹、尼泊尔、印度及

阿富汗等国家，垂直分布高度为海拔1300～3300米。喜年降水量600～1000毫米的暖温带至中亚热带气候，在我国长江中下游一带生长最好。雪松树体高大，树形优美，为世界著名的观赏树木。印度民间视其为圣树。最适宜孤植于草坪中央、建筑前庭之中心、广场中心或主要建筑物的两旁及园门的入口等处。

◆ 日本五针松

常绿乔木，高达30米，胸径1.5米。树冠圆锥形。树皮幼时淡灰色，光滑，老则呈现橙黄色，呈不规则鳞片状剥落，内皮赤褐色。一年生小枝淡褐色，密生淡黄色柔毛。冬芽长椭圆形，黄褐色。叶细短，5针一束，长3～6厘米，簇生

日本五针松

枝端，带蓝绿色，内侧两面有白色气孔线，钝头，边缘有细锯齿，在枝上生存3~4年。球果卵圆形或卵状椭圆形，长4.0~7.5厘米，径3.0~4.5厘米，成熟时淡褐色。喜生于土壤深厚、排水良好、适当湿润之处，在阴湿之处生长不良。虽对海风有较强的抵抗性，但不适于砂地生长。

◆ 落叶松

　　落叶松为落叶乔木，树干通直；小枝规则互生，分长枝与短枝二型。叶、芽鳞、雄蕊、苞鳞、珠鳞与种鳞均螺旋状排列。叶在长枝上散生，在短枝上呈簇生状，倒披针状线形，柔软，上面中脉多少隆起，下面两侧有数条气孔线，叶内有2个通常边生的树脂道。雌雄同株，雌、雄球花均单生于短枝顶端；雄球花具多数雄蕊，每雄蕊具2花药，药室纵裂，花粉无气囊；雌球花直立，珠鳞小，腹面基部着生两个倒生胚珠，背面托一大而显著的苞鳞。球果直立向上，当年成熟，幼时通常呈紫红色；种子具膜质长翅，基底被种翅包裹，种皮无树脂囊。

落叶松属植物在早第三纪就已出现在欧亚大陆，到第四纪由于气温下降的影响，落叶松的分布范围逐渐扩大，后随冰后期气温的回升，其分布区逐渐向北退缩和向山地抬升，繁衍至今，形成目前的分布格局。在中国东北及华北平原（如呼玛、哈尔滨、饶河及北京等地）的晚更新世地层中也发现了落叶松的花粉与球果。

落叶松为耐寒、喜光、耐干旱瘠薄的浅根性树种，喜冷凉的气候，对土壤的适应性较强，有一定的耐水湿能力，但其生长速度与土壤的水肥条件关系密切，在土壤水分不足或土壤水分过多、通气不良

落叶松

兴安岭落叶松

的立地条件下，落叶松生长不好，甚至死亡，过酸过碱的土壤均不适于生长。

◆ 黑 松

黑松为常绿乔木，高可达30米，树皮带灰黑色。2个针叶丛生，刚强而粗，新芽白色，各针叶长约6～15厘米，断面半圆形，叶肉中有3个树脂管，叶鞘由20多个鳞片形成，长约1.2厘米。四月开花，花单，雌花生于新芽的顶端，呈紫色，多数种鳞（心皮）相重而排成球形。每个种基部，裸生2个胚球。雄花生于新芽的基部，呈黄色，上生多数雄，成熟时，多数花粉随风飘出。球果至翌年秋天成，鳞片裂开而散出种子，种子有薄翅。

黑松喜光，耐干旱瘠薄，不耐水涝，不耐寒。适生于温暖湿润的海洋性气候区域，最宜在土层深厚、土质疏松，且含有腐殖质的砂

日本黑松

质土壤处生长。因其耐海雾,抗海风,也可在海滩盐土地方生长。黑松原产日本及朝鲜半岛东部沿海地区。在我国山东、江苏、安徽、浙江、福建等沿海诸省普遍栽培。

◆ 乔 松

乔松为常绿乔木,高达70米,胸径达1米左右,树皮灰褐色,小块裂片易脱落。枝条开展,冠阔尖塔型。当年生枝初绿色渐变红褐色,无毛,有光泽,微被白粉;叶5针1束,长10～20厘米,径约1毫米,细柔下垂,边缘有细锯齿,叶面有气孔线,树脂道3,边生。球果圆柱形,长15～25厘米,成熟后淡褐色,种子椭圆状倒卵形,长7～8毫米,上端具结合而生的长翅,翅长2～3厘米,花期4～5月。球果于翌年秋季成熟。

乔松喜温暖湿润的气候,喜阳光而不耐荫,在疏松肥沃、排水良好的土壤中生长良好。不耐寒。耐干旱、耐瘠薄。主要产于阿富汗、巴基斯坦、印度、尼泊尔、不丹及缅甸等国,在中国主要分布在西藏南部和云南南部。乔松是喜马拉雅山脉分布最广的森林类型,也是优良的观赏树种,在城市绿化中可以在绿地上孤植和散植。

◆ 油 杉

油杉为常绿乔木,高达30米,胸径达1米以上;树皮黄褐色或暗

乔 松

北美乔松

油　杉

灰褐色，纵裂或块状脱落；1年生枝红褐色，无毛或有毛，2～3年生小枝淡黄灰色或淡黄褐色。叶在侧枝上排成两列，线形，长1.2～3厘米，宽2～4毫米，先端圆或钝（幼树之叶锐尖），基部渐狭，中脉两面隆起，下面有两条微被白粉的气孔带、具短柄。雌雄同株；雄球花簇生枝顶或叶腋；雌球花单生侧枝顶端。球果圆柱形，直立，成熟时淡褐色或淡栗色，长10～18厘米，直径5～6.5厘米，中部的种鳞宽圆形，长2.5～3.2厘米，宽2.7～3.3厘米，顶端近平截或微凹，边缘内曲，鳞背露出部分无毛；种子有膜质阔翅，种翅中上部较宽，与种鳞近等长。

油杉分布区地处南亚热带至中亚热带边缘，主要位于东南沿海地区，向西分布于广西南部海拔较低的低山区。油杉是我国的特产，是古老的残遗树种，对研究我国南方植物区系有一定的价值。其木材纹理直，有光泽，材质坚实，耐水湿，为造船及家具等的良材。

江南油杉

◆ **金钱松**

世界五大庭园树木之一的金钱松，是我国特产树种，也是全世界唯一的一种。金钱松又名金松、水树，是落叶大乔木，属松科。树干通直，高可达40米，胸径1.5米。树皮深褐色，深裂成鳞状块片。枝条轮生而平展，小枝有长短之分。叶片条形，扁平柔软，在长枝上成螺旋状散生，在短枝上15～30枚簇生，向四周辐射平展，秋后变金黄色，圆如铜钱，因此而得名。金钱松的花雌雄同株，雄花球数个簇生于短枝顶端，雌花球单个生于短枝顶端。花期四五个月，球果10月上旬成熟。种鳞会自动脱落，种子有翅，能随风传播。

金钱松分布于我国长江流域一带山地，喜光爱肥，适宜酸性土壤。由于它树干挺拔，树冠宽大，树姿端庄、秀丽，为世界各国植物园广为引种，宜植于瀑口、池旁、

金钱松

金钱松球果

溪畔或与其他树木混植成丛，别有情趣。

◆ 黄杉

黄杉为常绿乔木，高达50米，胸径达1米；树凌灰色或深灰色，裂成不规则块片；小枝淡黄绿色至灰色，主枝通常无毛，侧枝被灰褐色短毛，叶多少二列。线形，扁平，有短柄，先端有凹陷，上面中脉凹陷。下面中脉隆起，有两条白色气孔带，球果单生侧枝顶端，下垂。卵圆形或椭圆状卵圆形，成熟时褐色；种鳞坚硬，蚌壳状，扇状斜方形或斜方状圆形，基部两侧有凹缺，鳞背密生短毛；苞鳞长而外露，外延部分向外或向后反伸，先端三裂，中裂片长渐尖，侧裂片钝；种子具翅，种翅较种子为长，近接种鳞的上部边缘。

黄杉为阳性树种，根系发达，能耐干旱瘠薄，在岩石裸露的山

黄 杉

华东黄衫

脊、山坡亦能生长。分布区地处中亚热带至北亚热带，多生于中山地带的向阳山地和山脊。喜气候温和或温凉，雨量适中，湿度大，土壤为酸性黄壤、黄棕壤及紫色土的生境，在石灰岩山地亦能生长。

◆ **古稀植物——银杉**

银杉为中国特有的世界珍稀物种，和水杉、银杏一起被誉为植物界的"国宝"，国家一级保护植物。

银杉为常绿乔木，有开展的枝条，高达24米，树干通直，树皮暗灰色，裂成不规则的薄片；小枝上端和侧枝生长缓慢，浅黄褐色，无毛，或初被短毛，后变无毛，具微隆起的叶枕；芽无树脂，芽鳞脱落。叶螺旋状排列，辐射状散生，在小枝上端和侧枝上排列较密，线形，先端圆或钝尖，基部渐窄成不明显的叶柄，上面中脉凹陷，深绿色。雌雄同株，雄球花通常单生于2年生枝叶腋；雌球花单生于当年

银　杉

生枝叶腋。球果两年成熟，卵圆形，熟时淡褐色或栗褐色。

　　远在地质时期的新生代第三纪时，银杉曾广泛分布于北半球的欧亚大陆，在德国、波兰、法国及前苏联曾发现过它的化石，但是，距今200~300万年前，地球覆盖着大量冰川，几乎席卷整个欧洲和北美，但欧亚的大陆冰川势力并不大，有些地理环境独特的地区，没有受到冰川的袭击，而成为某些生物的避

风港。银杉、水杉和银杏等珍稀植物就这样被保存了下来，成为历史的见证者。银杉在我国首次发现的时候，和水杉一样，也曾引起世界植物界的巨大轰动。50年代发现的银杉数量不多，且面积很小，自1979年以后，在湖南、四川和贵州等地又发现了十几处，1000余株。

◆　柳　杉

　　柳杉为常绿乔木，高达40米，

干皮红棕色长条状脱落，叶钻形，螺旋状成5列覆盖于小枝上，叶先端尖，四面具白色气孔线，叶尖略向内弯，雌雄同株异花，雄花单生于小枝叶腋成短穗状花序，雌花球形，单生枝顶，叶直伸，果枝上的叶长不足1厘米。雄球花长约0.5厘米，黄色；雌球花淡绿色。球果近球形，径1.8～2厘米，深褐色；种鳞约20片，苞鳞的尖头和种鳞顶端的缺齿较短，每种鳞有2种子；种子三角状长圆形，长约4毫米。花期4月，球果10～11月成熟。

柳杉为中国原产种，多分布于长江以南各省区，西南地区也有，近年来，河南、江苏、山东、安徽等省也有引起栽培，生长状况基本良好。柳杉为暖温带树种，喜温暖

水杉的羽状复叶

湿润的气候和深厚肥沃的砂质壤土，不耐严寒、干旱和积水。根系较浅，抗风力差。对二氧化硫、氯气、氟化氢等有较好的抗性。

◆ "国宝"水杉

水杉为落叶乔木，高达35～41.5米，胸径达1.6～2.4米；树皮灰褐色或深灰色，裂成条片状脱落；小枝对生或近对生，下垂。叶交互对生，在绿色脱落的侧生小枝上排成羽状二列，线形，柔软，几乎无柄，上面中脉凹下，下面沿中脉两侧有4～8条气孔线。雌雄同株，雄球花单生叶腋或苞腋，卵圆形，交互对生排成总状或圆锥花序状，雄蕊交互对生，花丝短，药隔显著；雌球花单生侧枝顶端，由22～28枚交互对生的苞鳞和珠鳞所组成，各有5～9胚珠。球果下垂，当年成熟，果蓝色，可食用，近球形或长圆状球形，微具四棱，长1.8～2.5厘米；种鳞极薄，透明；苞鳞木质，盾形，背面横菱形，有一横槽，熟时深褐色；种子倒卵形，扁平，周围有窄翅，先端有凹缺。

水杉是世界上珍稀的子遗植物。在中生代白垩纪，地球上已出现水杉类植物。约发展在250万年前的冰期以后，这类植物几乎全部绝迹，仅存水杉一种。在欧洲、北美和东亚，从晚白垩至新世的地层中均发现过水杉化石，1948年，中国的植物学家在湖北、四川交界的利川市谋道溪（磨刀溪）发现了幸存的水杉巨树，树龄约400余年。后在湖北利川市水杉坝与小河发现了残存的水杉林，胸径在20厘米以上的有5000多株，还在沟谷与农田里找到了数量较多的树干和伐兜。随后，又相继在四川石柱县冷水与湖南龙山县珞塔、塔泥湖发现了200～300年以上的大树。

◆ 世界珍稀植物——秃杉

秃杉是世界稀有的珍贵树种，

秃 杉

只生长在缅甸以及我国台湾、湖北、贵州和云南。秃杉为我国的一类保护植物。最早是1904年在台湾中部中央山脉乌松坑海拔2000米处被发现的。

秃杉为常绿大乔木，大枝平展，小枝细长而下垂。高可达60米，直径2～3米，它生长缓慢，直至40米高时才生枝。枝密生，树冠小，树皮呈纤维质。叶在枝上的排列呈螺旋状。奇怪的是，其幼树和老树上的叶形有所不同。幼树上的叶尖锐，为铲状钻形，大而扁平，老树上的叶呈鳞状钻形，从横切面上来看，则呈三角形或四棱形，上面有气孔线。秃杉是雌雄同株的植物，花呈球形。其雄球花5～7个着生在

秃杉的叶

枝的顶端。雌球花比雄球花小，也着生在枝的顶端。长成的球果是椭圆形的没有鳞片，苞片倒圆锥形至菱形。其种子只有5毫米左右长，带有狭窄的翅。

秃杉属于杉科台湾杉属。它只有一个"孪生兄弟"——台湾杉，由于它们长像相似，又分布在同一地区，因此，一般通称它们为台湾杉。但它们也还是有区别的，秃杉的叶较台湾杉的叶窄，球果的种鳞

比台湾杉多一些。它们虽说都是珍稀树种，但比较起来，秃杉的数量更少，因此，秃杉被列为国家一类保护植物，台湾杉屈居于第二类。

◆ 圆 柏

圆柏为常绿乔木，高20米，胸径达3～5米。树冠尖塔形或圆锥形，树皮灰褐色，裂成长条片，成狭条纵裂脱落。叶深绿色，有两型，镁叶钝尖，背面近中部有椭圆形微凹的腺体；刺形叶披针形，三叶轮生。雌雄异株，少同株，球果近圆球形。喜凉爽温暖气候，耐寒、耐热，对土壤要求不严，耐旱亦稍耐湿，耐修剪，深根性树种，忌积水。

圆柏原产于我国内蒙古及沈阳以南，南达两广北部，西南至四川省西部、云南、贵州等省，西北至陕西、甘肃南部均有分布，朝鲜、日本也有分布。圆柏幼龄树树冠整齐圆锥形，树形

优美，大树干枝扭曲，姿态奇古，可以独树成景，是我国传统的园林树种。古庭院、古寺庙等风景名胜区多有千年古柏，"清""奇""古""怪"各具幽趣。可以群植草坪边缘作背景，或丛植片林、镶嵌树丛的边缘、建筑附近。

展，向上盘曲，好像盘龙姿态，故名"龙柏"。有特殊的芬芳气味，近处可嗅到。

龙柏原产于中国及日本，广泛分布于中国大陆、日本、台湾等地。由于树形优美，枝叶碧绿青翠，所以多被种植于庭园作美化用途。

◆ 龙 柏

龙柏为常绿小乔木，可达4米。喜充足的阳光，适宜种植于排水良好的砂质土壤上。树皮呈深灰色，树干表面有纵裂纹。树冠圆柱状。叶全为鳞状叶（与桧的主要区别），沿枝条紧密排列成十字对生。花（孢子叶球）单性，雌雄异株，于春天开花，花细小，淡黄绿色，并不显著，顶生于枝条末端。浆质球果，表面披有一层碧蓝色的蜡粉，内藏两颗种子。枝条长大时会呈螺旋伸

◆ 北美香柏

北美香柏为常绿乔木，高达20

北美香柏

米，胸径2米。树冠塔形。树皮红褐色或桔褐无能；当年生小枝，扁平；3~4年生枝，圆形。两侧鳞叶先端内弯，中间鳞叶明显隆起；主枝上的叶有腺体，小枝上的无或很小。鳞叶上面深绿色，下面灰绿色或淡黄绿色，无白粉，揉碎后有香气。球果长椭圆形，淡黄褐色。

北美香柏喜光，耐荫，对土壤要求不严，能生长于温润的碱性土中。耐修剪，抗烟尘和有毒气体的能力强。生长较慢，寿命长。分布于北美东部，生于湿润的石灰岩土壤。在我国郑州、青岛、庐山、上

日本花柏

海、南京、杭州、武汉等地引种栽培，在北京可以露地过冬。

◆ **日本花柏**

日本花柏为常绿乔木，高达20米；树皮深灰色或暗红褐色，成狭条纵裂脱落；近基部的大枝平展，上部逐渐斜上。叶深绿色，2型，刺叶通常3叶轮生，排列疏松，鳞形叶交互对生或3叶轮生，排列紧密。雌雄异株，少同株。鳞叶先端锐尖，侧面之叶较中间之叶稍长。球果球形，径5～6毫米，9月下旬，球果变褐；10月中旬，球果自然开裂；种鳞5～6对，顶部的中央微凹，内有突起的小尖头；发育种鳞具1～2种子。种子径2～3毫米。

日本花柏原产日本。我国青岛、庐山、

南京、上海、杭州、长沙、北京等地引种栽培，供庭院观赏。种子可榨取脂肪油；木材坚硬致密，耐腐力强，可供建筑、工艺品、室内安装等用。

◆ **北美圆柏**

北美圆柏树冠柱状圆锥形。枝

北美圆柏

直立或斜展。叶两型,刺叶交互对生,被有白粉。鳞叶着生在四棱状小枝上,菱状卵形,先端急尖或渐尖,叶背中下部有凹腺体。雌雄异株,花期3月。球果近球形,10～11月成熟,内有种子1～2粒。

北美圆柏适应性强,抗污染,能耐干旱,又耐低湿,既耐寒还能抗热,抗瘠薄,在各种土壤上均能生长。

◆ 罗汉松

罗汉松树冠广卵形。叶条状披针形,先端尖,基部楔形,两面中肋隆起,表面暗绿色,背面灰绿色,有时被白粉,排列紧密,螺旋状互生。雌雄异株或偶有同株。种子卵形,有黑色假种皮,着生于肉质而膨大的种托上,种托深红色,味甜可食。花期5月,种熟期10月。常见的栽培品种有狭叶罗汉

日本罗汉松

松，叶较窄，先端渐窄成长尖形；柱冠罗汉松，叶小，先端纯或圆；小叶罗汉松，叶密集于小枝顶端，呈螺旋状着生，较狭窄，先端钝圆；短尖叶罗汉松，叶极短小；斑叶罗汉松，叶面有白色斑点。喜温暖湿润和半阴环境，耐寒性略差，怕水涝和强光直射，要求肥沃、排水良好的沙壤土。

罗汉松原产我国，是国家二类保护植物，但是国家保护的是原始林中的野生罗汉松种质，城市里的罗汉松基本上都是人工培育的后代，生物学意义不大。就像水杉和银杏一样，目前人工培育的后代已不在保护范畴，当然，它们依然作为绿化树木而发挥着生态学的作用，也是不能随意砍伐的，罗汉松作为风景树移植没有违法倾向。

◆ **篦子三尖杉**

篦子三尖杉为常绿灌木或小乔木，高可达6米，树皮灰褐色，枝条轮生，小枝干时褐色，有明显的沟槽。叶条形，质硬，螺旋状着生，排成二列，叶缘彼此接触，通常中部以上向上微弯，长1.5～3.2厘米，宽3～4.5毫米，先端微急尖，基部截形或心脏状截形，近无柄，下延部分之间有明显沟纹，上面微凸，中脉不明显或稍隆起，或中下部较明显，下面有两条白色气孔带。雄球花6～7聚生成头状，直径约9毫米，梗长约4毫米，雌球花由数对交互对生的苞片组成，有长梗，每苞片腹面基部生2胚珠。

植物化学家从篦子三尖杉的枝叶、树皮中提取的生物碱，经临床试验，证明是一种新型的抗癌新药，对治疗人体非淋巴系统白血病，特别是急性粒细胞白血病和单核型细胞白血病有较好的疗效。另外，本种木材结构细致，坚实不裂，宜作雕刻、棋类及工艺品材料。由于本种在常绿阔叶林中零星分布，种群数量日趋减少，故应予

篦子三尖杉

以保护。

◆ 红豆杉

红豆杉属常绿乔木，胸径有1米之多，高达20米。具有喜荫、耐旱、抗寒的特点。它对于所生长的小环境要求很特别，在海拔2500～3000米的深山密林之中，

才可以见到它的踪影，成材需50～250年。

红豆杉是第四世纪冰川后遗留下来的世界珍稀濒危植物，全世界自然分布极少，列为国家一级重点保护植物，其木材细密，色红鲜艳，坚韧耐用，为珍贵的用材树种。特别由于含有抗癌特效药物紫

杉醇而非常珍贵，这种神奇的药物是继阿霉素和顺铂之后，目前世界上最好的抗癌药物，是迄今国际市场最畅销，最热门的新型抗癌药物，也是晚期癌症患者的最后一道防线，具有极高的开发利用价值。

红豆杉

买麻藤纲

◆ **麻黄目麻黄科**

麻黄中含有一种叫麻黄素的生物碱，有显著的中枢兴奋作用，长期使用可引起病态嗜好及耐受性，

被纳入我国二类精神药物品进行管制。麻黄素是制造冰毒的前体，冰毒是国际上滥用最严重的中枢兴奋极之一。冰毒即甲基苯丙胺，又称甲基安非他明、去氧麻黄素。

◆ 木贼麻黄

木贼麻黄，直立或斜生小灌木，高达1米。木质茎明显，小枝细，径约1毫米，呈灰绿色或蓝绿色。节间短，长约2厘米。叶膜质鞘状，裂片2。花序腋生，雄球花无梗，雌球花常2个对生节上。木贼麻黄成熟时苞片变为红色，肉质，含1粒种子，罕1粒；种子圆形，不露出。花期4～5月；种子7～8月成熟。

木贼麻黄产于我国内蒙古、河北、山西、陕西、四川、青海、新疆等地。喜光，性强健，耐寒，畏热；喜生于干旱的山地及沟崖边；忌湿，深根性，根蘖性强。可作岩石园、干旱地绿化用。

◆ 草麻黄

草麻黄呈细长圆柱形，少分枝，直径1～2毫米，有的带少量质茎。表面淡绿至黄绿色，有细的纵棱线，触之微有粗糙感。节明显，节间长2～6厘米，节上有膜质鳞叶，鳞叶2，稀3，锐三角形，长3～4毫米，先端反曲，基部常连合成筒状。质较脆，易折断，折断时有粉尘飞出，断面略呈纤维性，周边绿黄色，髓部红棕色，近圆形。气微香，味微苦涩。功效：发汗散寒，宣肺平喘，利水消肿。用于风寒感冒，胸闷喘咳，风水浮肿，支气管哮喘。蜜炙麻黄润肺止咳，多用于表症已解，气喘咳嗽。该物种为中国植物图谱数据库收录的有毒植株。

◆ 山岭麻黄

麻黄科麻黄属矮小灌木植物，高5～15厘米。木质茎成根状茎，埋于土中顶端具短的分枝，伸出

山岭麻黄

地面成节结状，常生有多数绿色小枝；小枝短，常仅1～3节间，节间长1～1.5厘米，径1.5～2毫米、纵槽纹明显。叶鞘状，2裂，长2～3毫米，下部的2/3合生，5～6月开花，雄球花单生于小枝中部的节上，具2～3对苞片；雄花具6枚雄蕊，花丝全部合生。雌球花单生，苞片2～3对；雌花1～2。雌球花成熟时肉质红色，近球形，长5～7毫米。

山岭麻黄生长于海拔3700～5300米的干旱山坡，分布于西藏、云南、四川。阿富汗、巴基斯坦、印度、尼泊尔、锡金也有。

◆ **小叶买麻藤**

小叶买麻藤为常绿木质缠绕藤本。茎枝圆形，有明显皮孔，节膨大。叶对生，革质，椭圆形至狭椭圆形或倒卵形，长4～10厘米。球花单性同株；雄球花序不分枝或一次（三出或成对）分枝，其上有5～10轮杯状总苞，每轮总苞内有雄花

小叶买麻藤

40～70；雄花基部无明显短毛，假花被管略成四棱盾形，花丝合生，稍伸出，花药2；雌球花序多生于老枝上，一次三出分枝，每轮总苞内有雌花3～5。种子核果状，无柄，成熟时肉质假种皮红色。

　　小叶买麻藤于分布华南等地区，生于山谷、山坡疏林中。全株药用，能祛风除湿，活血散瘀，消肿止痛。小叶买麻藤种子含油，可榨取润滑油或食用油。种子含淀粉和蛋白质，可食用。作为经济植物，本种在华南山坡林内常见，资源丰富。

◆ **最长寿的植物——百岁兰**

　　百岁兰又称千岁叶、千岁兰。分布于安哥拉及非洲热带东南部，生于气候炎热和极为干旱的多石沙漠、枯竭的河床或沿海岸的沙漠上。其树干非常短矮而粗壮，呈倒圆锥状，高很少超过50厘米，而直径可达1.2米，具有极长而粗壮、深达地下水位的主根；树干上端或多或少成二浅裂，沿裂边各具一枚巨大的革质叶片，叶片长带状，具多数平行脉，叶的基部可继续生长，叶的顶部则逐渐枯萎，常破裂至基部而形成多条窄长带状，其寿命可达百年以上，故有百岁叶之称。在原产地非洲纳米比亚的沙漠有寿命达2000年以上的，叶片宽达1米多，长达10余米，极为珍贵。

百岁兰的叶是植物界寿命最长的叶，是常绿的，仅一对，形宽且平。百岁兰的两片叶子长出来后，只会越长越大，不会脱落换新叶。球花形成复杂分枝的总序，单性，异株，生于茎顶叶腋凹陷处，由多数交互对生、排列整齐而紧密的苞片所组成，苞片的腋部生一球花；

百岁兰

雄球花有两对假花被，具6枚基部合生的雄蕊，中央有一个不发育的胚珠；雌球花有两枚假花被成管状，胚珠的珠被伸长成珠孔管。种子具内胚乳和外胚乳，子叶2枚，萌发后可保存2～3年。百岁叶的叶具明显的旱生结构，气孔为复唇形，是沙漠中难能生成的矮壮木本植物，能固沙保土。

第五章

被色着的种子

——被子植物

被子植物是植物界进化程度最高、种类最多、分布最广、适应性最强的一个类群。也是植物界中被研究得最彻底的一个类群。自新生代以来，它们在地球上占着绝对优势。被子植物能有如此众多的种类，有极其广泛的适应性，这和它的结构复杂化、完善化分不开的，特别是繁殖器官的结构和生殖过程的特点，提供了它适应、抵御各种环境的内在条件，使它在生存竞争、自然选择的矛盾斗争过程中，不断产生新的变异，产生新的物种。

目前全世界已发现的被子植物共1万多属，约20多万种，占植物界的一半以上，我国已知的被子植物有2700多属，约3万种。他们的用途大而广，如全部农作物、果树、蔬菜等都是被子植物。许多轻工业、建筑、医药等原料，也取自被子植物。因此被子植物就成了我们衣、食、住、行和社会主义建设不可缺少的植物资源。

被子植物

◆ 被子植物的起源

关于被子植物的起源，科学家们争论了一个多世纪。英国生物学家达尔文就把被子植物的起源称为"讨厌的谜"。世界上最早的花到底是什么样子？又起源于何时何地？为什么被子植物的起源被达尔文称为"讨厌的谜"呢？

英国生物学家
达尔文

这是因为被子植物突然在白垩纪大量出现，可是科学家们又找不到它们的祖先类群和早期演化的线索。很多科学家认为被子植物的祖先是某些已经灭绝了的具有种子生殖习性的植物类群。也有些人认为被子植物是起源于某些已经灭绝了的裸子植物。1998年我国著名的古生物学家孙革在美国Science杂志发表了一篇关于被子植物起源的文章。这篇文章以"辽宁古果"的化石为依据，证明了被子植物起源于距今1.45亿年的侏罗纪晚期。这是人类迄今找到的最古老的被子植物化石。辽宁古果的发现表明，被子植物的祖先类群可能是现已灭绝的

可能最早的被子植物——古果

种子蕨类植物，而且可能为水生；这在全球被子植物起源研究方面无疑是一个新的突破。

◆ **被子植物的特征**

①孢子体高度发达。有世界上最高大的乔木，如杏仁桉，高达156米。

②具有真正的花。典型的被子植物的花由花柄、花萼、花冠、雄蕊群、雌蕊群五部分组成，各个部分称为花部。被子植物花的各部在数量上、形态上有极其多样的变化，这些变化是在进化过程中，适应于虫媒、风媒、鸟媒或水媒传粉的条件，被自然界选择、得到保留，并不断加强所产生的。

③胚珠包藏在子房内。雌蕊由心皮所组成，包括子房、花柱和柱头三部分。胚珠包藏在子房内，得到子房的保护，避免了昆虫的咬噬和水分的丧失。

④具有独特的双受精现象。双受精现象，即两个精细胞进入胚囊后，一个与卵细胞结合形成合子，另一个与2个极核结合，形成3n染色体，发育为胚乳，幼胚以3n染色体的胚乳为营养，使新植物体

杏仁桉

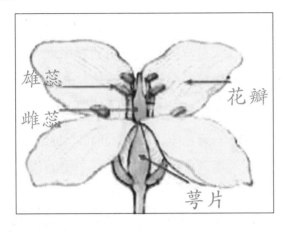

花的构造

象，这也是它们有共同祖先的一个证据。

⑤具有果实。子房在受精后心皮发育成果实，胚珠形成种子。果实形态多种多样，果实的出现不但有效地保护了种子，而且也促进了种子的传播。被子植物的果实具有不同的色、香、味，多种开裂方式；果皮上常具有各种钩、刺、翅、毛。

内营养增加，因而具有更强的生活力。所有被子植物都有双受精现

被子植物的花

果实的所有这些特点，对于保护种子成熟，帮助种子散步起着重要作用，它们的进化意义也是不言而喻的。

⑥高度发达输导组织。在解剖构造上，被子植物输导组织中的木质部出现导管，韧皮部出现筛管、伴胞、导管，筛管、伴胞的出现加强了水分和营养物质的运输能力，使被子植物的输导组织结构和生理功能更加完善。

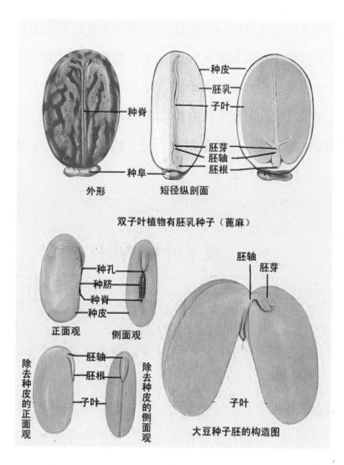

双子叶植物（大豆）

◆ **被子植物的分类系统**

19世纪以来，许多植物分类工作者为建立一个"自然"的分类系统作出了巨大努力。他们根据各自的系统发育理论，提出的分类系统已有数十个。但由于有关被子植物起源、演化的知识特别是化石证据不足，直到现在还没有一个比较完善的分类系统。目前世界上运用比较广泛的仍是恩格勒系统和哈钦松系统。在各级分类系统的安排上，克朗奎斯特系统和塔赫他间系统被认为更为合理。

被子植物通常分为两个纲，即双子叶植物纲和单子叶植物纲。其种子内胚发育的早期阶段相同，但进一步的发育却以不同方式进行：在双子叶植物，茎原基两侧的侧生子叶均发育，而在单子叶植物仅一个原生子叶得到发育，并向顶端移动。胚的发育过程清楚地表明，被子植物胚的早期均有双子叶阶段。双子叶植物的胚分化为4个主要部分：胚根、胚轴、子叶和胚芽。

双子叶植物纲

双子叶植物纲又分为离瓣花亚纲和合瓣花亚纲。

①离瓣花亚纲又称古生花被亚纲。包括无被花，单被花或有花萼和花冠区别，而花瓣通常分离的类型。雄蕊和花冠离生。胚珠一般有一层珠被。

②合瓣花亚纲又称后生花被亚纲，主要特征是花瓣多少连合成合瓣花冠。花冠形成了各种形状，如

双子叶植物——金娃娃萱草

漏斗状、钟状、唇形、管状、舍状等，由辐射对称发展到两侧对称。花冠各式的连合，增加了对昆虫传粉的适应及对雄蕊和雌蕊的保护。因此，合瓣花类群比离瓣花类群进化更进一步。

◆ **木兰目**

木兰目为木本。花单生或为聚伞花序，花托显著，花常两性，花部螺旋状排列至轮状排列；花被多为3基数；雄蕊6至多数，多数离生或少至1个。胚乳丰富，胚小。花

127

辛夷

粉单孔、无孔或双孔。本目包含木兰科、番荔枝科、肉豆蔻科等10科。

①辛夷。辛夷又名望春花，属木兰科植物。色泽鲜艳，花蕾紧凑，鳞毛整齐，芳香浓郁。辛夷有散风寒的功效，用于治鼻炎、降血压；辛夷又是一种名贵的香料和化工原料，也是一种观赏绿化植物，历史上曾多年供不应求。

辛夷用途广泛，辛夷为国内外紧缺中药材。日本早年从辛夷中提取挥发油用于香烟、化妆品原料和制药，在20世纪70～80年代大量从我国进口辛夷及挥发油粗品；国内除在中医方剂中广泛使用外，以辛夷为主要原料制成的中成药也不在少数，如鼻炎灵等。

②玉兰。又名木兰、白玉兰、玉兰等。木兰科落叶乔木，树高一

般2～5米或高可达15米。花白色、大型、芳香，先叶开放，花期10天左右。中国著名的花木，北方早春重要的观花树木。上海市市花。中国有2500年左右的栽培历史，为庭园中名贵的观赏树。分布于中国中部及西南地区，现世界各地均已引种栽培。通常用播种、嫁接法繁殖。喜温暖、向阳、湿润而排水良好的地方，要求土壤肥沃、不积水。有较强的耐寒能力，在－20℃的条件下可安全越冬。此花为我国特有的名贵园林花木之一，原产于长江流域，现在庐山、黄山、峨眉山等处尚有野生。

③我国特有的珍稀植物——鹅掌楸。木兰科为古老被子植物，本属在中生代白垩纪中期、第三纪早期和中期分布于北半球纬度较高的北欧、格陵兰和阿拉斯加等地。到了新生代第三纪，广泛分布在欧亚大陆和北美洲，第四

玉 兰

鹅掌楸

纪冰川以后仅在我国的南方和美国的东南部有分布（同属的两个种），成为孑遗植物。

因此，鹅掌楸和北美鹅掌楸都是十分古老的树种，它们对于研究东亚植物区系和北美植物区系的关系，对于探讨北半球地质和气候的变迁，具有十分重要的意义。它的叶子有十几厘米长，与一般植物的叶子不同，其先端是平截的，或微微凹入，而两侧则有深深的两个裂片，极像马褂，又似鹅掌，因而得名。马褂木的花外白里黄，极为美丽。马褂木属于木兰科鹅掌楸属。生长在我国华中、华东、西南地区，因其叶形奇特，花朵美丽，故为我国著名观赏植物。

④五味子。五味子俗称山花椒、秤砣子、药五味子、面藤、五梅子等，古医书称它荎蕏、玄

北美鹅掌楸

五味子

及、会及。为木兰科植物五味子的果实。多年生落叶藤本。植株可供观赏，果实习称"北五味子"，供药用。中国东北、华北等地都有野生或栽培。以辽宁省所产质量最佳，有"辽五味"之称。前苏联、朝鲜、日本也有出产。唐等《新修本草》载"五味皮肉甘酸，核中辛苦，都有咸味"，故有五味子之名。五味子属植物在中国约有20种。产于中国中部的华中五味子果实亦入药，称"南五味子"。

五味子果实作中药功能益气生津、敛肺滋肾、止泻、涩精、安神，可治久咳虚喘、津少口干、遗精久泻、健忘失眠等症。果皮及成熟种皮含木脂素，是五味子的药用有效成分，其中包括多种五味子素。种子含脂肪，油脂可制肥皂或机械润滑油。茎叶及种子均可提取芳香油。

⑤厚朴。厚朴树高达20米。干通直。树皮灰棕色，粗糙具纵裂纹。小枝粗壮，具环状托叶痕。叶集生枝端，倒卵形，下面有弯曲毛及白粉。花单生枝端，与叶同放。聚合果圆柱形。种子鲜红色，内皮黑色。喜凉爽、潮湿气候，宜生于雾气重、相对湿度大而又阳光充足的地方。喜疏松、肥沃、含腐殖质较多、湿润、排水良好、弱酸至中性的土壤，一般以山地砂壤土和石灰岩形成的钙质土为宜。

厚朴为我国特有的珍贵树种，在北亚热带地区分布较广。树皮味辛性温，是重要的中药材；芽、花、果也可入药；种子榨油供制肥皂；材质轻，纹理细密，适作图板、乐器等；树态雅致，花香，可作庭园观赏植物。

⑥含笑。含笑为常绿灌木或小乔木。分枝多而紧密组成圆形树

厚　朴

含笑花

冠，树皮和叶上均密被褐色绒毛。单叶互生，叶椭圆形，绿色，光亮，厚革质，全缘。花单生叶腋，花形小，呈圆形，花瓣6枚，肉质淡黄色，边缘常带紫晕，花香袭人，有香蕉气味，花常不开全，有如含笑之美人，花期3～4月。果卵圆形，9月果熟。

含笑花性喜暖热湿润，不耐寒，适半阴，宜酸性及排水良好的土质，因而环境不宜之地均行盆栽，秋末霜前移入温室，在10℃左右温度下越冬。

含笑花是名贵的香花植物。中型盆栽。陈设于室内或阳台、庭院等较大空间内。因其香味浓烈，不宜陈设于小空间内。亦可适于在小游园、花园、公园或街道上成丛种植，可配植于草坪边缘或稀疏林丛之下。使游人在休息之中常得芳香气味的享受。

◆ **毛茛目**

草本或木质藤本。花两性至单性，辐射对称至两侧对称，异被或单被，雄蕊多数，螺旋状排列，或定数而与花瓣对生；心皮多数，离生，螺旋状排列或轮生；种子具丰富的胚乳。本目包括毛茛科、小檗科、大血藤科、木通科、防己科、清风藤科等8科。

①毛茛。毛茛分布于全世界，北温带的树林和田野尤为普遍。多具有块茎或须根。花单生或聚生成稀疏的花簇，萼片5枚，绿色；花瓣5枚，黄色或白色，有光泽；雄蕊和雌蕊多数。波斯毛茛是商品花卉，重瓣花型的波斯毛茛为冬季花卉。野生种类甚多，其中

欧亚原产的高大草间毛茛已被各地广泛引种。

毛茛含有强烈挥发性刺激成分，与皮肤接触可引起炎症及水泡，内服可引起剧烈胃肠炎和中毒症状，但很少引起死亡，因其辛辣味十分强烈，一般不致吃得很多。

②十大功劳。十大功劳植株从地面丛生而出，茎秆直立，分枝力弱，株高可达2米，茎秆有节而多棱。奇数羽状复叶，每个复叶上着生小叶3～9枚。小叶呈长椭圆状披针形，长8～12厘米，宽1.2～1.9

毛茛

厘米，先端的小叶渐大，顶生的一
枚最大，叶肉脆硬，革质，先端渐
尖或急尖，基部楔形，叶缘每侧各

有6～13枚刺状锐齿。正面为暗绿
色，略有光泽，背面为黄绿色。

　　十大功劳属于暖温带植物，

十大功劳

具有较强的抗寒能力，当冬季气温降到0℃以下时虽然落叶，但茎秆不会受冻死亡，春暖后可萌发新叶。不耐暑热，在高温下不但停止生长，叶片也会干尖。它们在原产地多生长在阴湿峡谷和森林下面，属阴性植物。喜排水良好的酸性腐殖土，极不耐碱，较耐旱，怕水涝，在干燥的空气中生长不良。播种、扦插和分株法繁殖。

十大功劳叶形奇特，典雅美观，盆栽植株可供室内陈设，因其

长小叶十大功劳

耐阴性能良好，可长期在室内散射光条件下养植。在庭院中亦可栽于假山旁侧或石缝中，不过最好有大树遮阴。

③乌头。乌头为多年生草本。块根通常2～3个连生在一起，呈圆锥形或卵形，母根称乌头，旁生侧根称附子。外表茶褐色，内部乳白色，粉状肉质。茎高100～130厘米，叶互生，革质，卵圆形，有柄，掌状2至3回分裂，裂片有缺刻。立秋后于茎顶端叶腋间开蓝紫色花，花冠像盔帽，圆锥花序；萼片5，花瓣2。

华北乌头

蓇葖果长圆形，由3个分裂的子房组成。种子黄色，多而细小。花期6~7月、果熟期7~8月。

乌头喜温暖湿润气候。适应性很强，海拔2000米左右均可栽培，不退化。适于土层深厚，疏松、肥沃、排水良好的沙壤上栽培。

④三叶木通。三叶木通为落叶木质藤本，长达10米。茎、枝无毛，灰褐色。三出复叶，小叶卵圆形，长宽变化很大，先端钝圆或具短尖，基部圆形，有时略呈心形，边缘浅裂或呈波状，叶柄细长，长6~8厘米，小叶3片，革质，长3~7厘米，宽2~4厘米，上面略具光泽，下面粉灰色。春夏季开紫红色花，雌雄异花同株，总状花序腋生，长约8~10厘米，总梗细长；雌花紫红色，生于同一花序下部，有花1~3朵；雄花生于花序上部，淡紫色较小，约有20朵左右。果成熟于秋季，果实肉质，浆果状，长圆筒形，长约8厘米，直径4厘米左右，紫红色，果皮厚，果肉多汁，8~9月成熟后沿腹缝线开裂，故称八月炸或八月瓜，味甜可食；种子多数，呈椭圆形，棕色，长数毫米，是中药，称预知子。

三叶木通

独叶草

⑤最孤单的植物——独叶草。在繁花似锦的植物王国中，有一种最孤单的植物，这就是独花、独叶的独叶草。这种多年生的草本植物目前仅分布在中国云南、四川、陕西和甘肃。独叶草不但花叶萧条，而且结构亦简单、原始。独叶草的地上部分高约10厘米，通常只生一片具有5个裂片的近圆形的叶子，开一朵淡绿色的花；而小草的地下是细长分枝的根状茎，茎上长着许多鳞片和不定根，叶和花的长柄就着生在根状茎的节上。

这种独特的植物自1914年被发现以来，即引起国内外学者的兴趣。植物学家认为，对独叶草结构的研究可以为被子植物的发展进化提供更多的资料。

⑥木防己。木防己为草质或近木质缠绕藤本。幼枝密生柔毛。叶

形状多变，卵形或卵状长圆形，长3~10厘米，宽2~8厘米，全缘或微波状，有时3裂，基部圆或近截形，顶端渐尖、钝或微缺，有小短尖头，两面均有柔毛。聚伞状圆锥花序顶生；花淡黄色，花轴有毛；雄花有雄蕊6，分离；雌花有退化雄蕊6，心皮6，离生。核果近球形，两侧扁，兰黑色，有白粉。花果期5~10月。

木防己产各地，生长在山坡路旁或疏林中；我国除西北地区外，均有分布。藤可编织；根含淀粉，可酿酒，入药有祛风通络，利尿解毒，降血压的功效。根含木防己碱、异木防己碱、木兰花碱等。

⑦大血藤。大血藤为落叶藤本。茎褐色，圆形，有条纹。三出复叶互生；叶柄长，上面有槽；中间小叶菱状卵形，长7~12厘米，宽

木防己

大血藤

3～7厘米，先端尖，基部楔形，全缘，有柄，两侧小叶较大，基部两侧不对称，几无柄。花单性，雌雄异株，总状花序腋生，下垂；雄花黄色，萼片6，菱状圆形，雄蕊6，花丝极短；雌花萼片、花瓣同雄花，有不育雄蕊6，子房下位，1室，胚珠1。浆果卵圆形。种子卵形，黑色，有光泽。花期3～5月，果期8～10月。

大血藤生于山坡疏林、溪边；有栽培。主产湖北、四川、江西、河南、江苏；安徽、浙江亦产。

大血藤一般作为中药使用。但近来我们通过实验发现，大血藤当作植物染料对棉、毛的染色效果很好，色牢度均不错，相比接近的鸡血藤而言，大血藤染色的牢度更好。这也为我们开发天然植物染色提供了新的染料品种。

◆ **荨麻目**

草本或木本。叶多互生，常有托叶。花小，两性或单性，辐射对称；单被或无被；雄蕊少数与花被对生，稀多数；子房上位，坚果或核果，多为风媒花，若为虫媒花，则较专一性。本目包括榆科、桑科、大麻科、荨麻科等6科。

①桑树。桑树为落叶灌木或小乔木，高达15米。树皮灰黄色或黄褐色；幼枝有毛。叶卵形或阔卵形，长5～15厘米，宽4～8厘米，顶端尖或钝，基部圆形或近心形，边缘有粗锯齿或多种分裂，表面无毛有光泽，背面绿色，脉上有疏毛，腋间有毛；叶柄长1～2.5厘米。花单性异株，穗状花序；雄花花被片4，雄蕊4，中央有不育蕊；雌花花被片4，无花柱或极短，柱头2裂，宿存。聚花果（桑椹），

桑 树

黑紫色或白色。花期4～5月，果熟期6～7月。

全国各省均有栽培。叶饲蚕；木材供雕刻；茎皮纤维好；果生食或酿造；种子含油30%，供油漆等用。根皮、枝、叶、果入药，清肺热，祛风湿，补肝肾。

②最毒的植物——箭毒木。箭毒木为乔木，高达30米；具乳白色树液，树皮灰色，具泡沫状凸起。叶互生，长椭圆形，基部圆或心形，不对称；叶背和小枝常有毛，边缘有时有锯齿状裂片。雄花序头状，花黄色。果肉质，梨形，紫黑色；味极苦。花期春夏季，果期秋季。箭毒木为桑科常绿大乔木，又名加独树、加布、剪刀树等，树干基部粗大，具有板根，树皮灰色，春季开花。现为濒临灭绝的稀有树种，国家三级保护植物。

箭毒木生长在西双版纳海拔1000米以下的常绿林中，是一种

箭毒木

剧毒植物和药用植物。它的乳汁中含有多种有毒物质，当这些毒汁由伤口进入人体时，就会引起肌肉松弛、血液凝固、心脏跳动减缓，最后导致心跳停止而死亡，人和动物若被涂有毒汁的利器刺伤即死，故叫"见血封喉"。当地少数民族在历史上曾将见血封喉的枝叶、树皮等捣烂取其汁液涂在箭头，射猎野兽。据说，凡被射中的野兽，上坡的跑七步，下坡的跑八步，平路的跑九步的就必死无疑，当地人称为"七上八下九不活"。

③垂枝榆。垂枝榆为落叶小乔木。单叶互生，椭圆状窄卵形或椭圆状披针形，长2～9厘米，基部偏斜，叶缘具单锯齿，侧脉9～16对，直达齿尖。花春季常先叶开放，多数簇生于去年生枝的叶腋。翅果近圆形。是从我国广泛栽培的榆树中选出的一个栽培品种，特点为枝稍不向上伸展，生出后转向地心生长，因而无直立主干，均高接于乔木型榆树上，枝条下垂后全株呈伞形。

垂枝榆喜光，耐寒，抗旱，喜肥沃、湿润而排水良好的土壤，不耐水湿，但能耐干旱瘠薄和盐碱土壤。主根深，侧根发达，抗风，保土力强，萌芽力强，耐修剪。

垂枝榆

垂枝榆枝条下垂，使植株呈塔形。通常用白榆作高位嫁接，宜布置于门口或建筑入口两旁等处作对栽，或在建筑物边、道路边作行列式种植。

④无花果。无花果为落叶灌木或乔木，高达12米，有乳汁。干皮灰褐色，平滑或不规则纵裂。小枝粗壮，托叶包被幼芽，托叶脱落后在枝上留有极为明显的环状托叶痕。单叶互生，厚膜质，宽卵形或近球形，掌状深裂，少有不裂，边缘有波状齿，上面粗糙，下面有短毛。肉持花序托有短梗，单生于叶腋；雄花生于瘿花序托内面的上半部，雄蕊3；雌花生于另一花序托内。聚花果梨形，熟时黑紫色；瘦果卵形，淡棕黄色。花期4～5月，果自6月中旬至10月均可成花结果。

无花果喜温暖湿润的海洋性气候，喜光、喜肥，不耐寒，不抗涝，较耐干旱。无花果原产于欧洲地中海沿岸和中亚地区，西汉时引入中国，以长江流域和华北沿海地带栽植较多，北京以南的内陆地区仅见有零星栽培。

⑤蝎子草。蝎子草为荨麻科一年生草本，高达1米。茎直立，有棱，伏生硬毛及螫毛；

无花果

蝎子草

螫毛直立而开展，长约6毫米。叶互生；叶柄长2～10厘米；托叶三角状锥形，早落；叶片圆卵形，长4～17厘米，宽3～15厘米，先端渐尖或尾状尖，基部圆形或近平截，叶缘有粗锯齿，上面深绿色，下面淡绿色，两面伏生粗硬毛和螫毛，主脉有时红色。花单性同株；花序腋生，单一或分枝，雌花序生于茎上部；雄花被4深裂，雄蕊4；雌花被2裂，上方一片椭圆形，先端有不明显的3齿裂，下方一片线形而小，花序轴上有长螫毛。瘦果宽卵形，长约2毫米，表面光滑或有小疣状突起。花期7～8月，果期8～10月。

蝎子草生于山坡阔叶疏林内岩石间、石砬子下、林缘地及山沟边阴处。分布于我国黑龙江、吉林、内蒙古、河北、河南、陕西等省

区，朝鲜也有分布。茎皮纤维可制绳索或供编织用。

⑥品质最好的纤维植物——苎麻。苎麻是多年生宿根性草本植物，是重要的纺织纤维作物。也称白叶苎麻。半灌木，高1～2米；茎、花序和叶柄密生短或长柔毛。叶互生，宽卵形或近圆形，表面粗糙，背面密生交织的白色柔毛。花雌雄同株，团伞花序集成圆锥状，雌花序位于雄花序之上；雌花花被管状，被细毛。瘦果椭圆形。花果期7～10月。

在各种植物纤维中，苎麻纤维品质最好。其纤维细胞最长可达62厘米，坚韧，富于光泽、染色鲜艳，不易退色，可谓既美观又耐用。苎麻纤维的抗张力强度要比棉花高出8～9倍，因此可以做飞机翼布、降落伞的原料以及制造帆布、

苎 麻

手榴弹拉线、航空用的绳索等各种绳索；苎麻纤维在浸湿的时候，张力强度更要高出许多，同时吸收和蒸发水分也更快，兼具耐腐、不易发霉的特性，是制造防雨布、鱼网等的首选材料；苎麻纤维散热也很快，不易导电，因此，还可以做轮胎的内衬、机器的传动带等。

◆ **金缕梅目**

木本。单叶互生，稀对生，多有托叶。花两性、单性何株或异株，排成总状、头状或柔荑花序；异被、单被或无被；雄蕊多数至定数；子房上位至下位，心皮1至多数，离生或合生。有胚乳。本目包含连香树科、领春木科（云叶科）、悬铃木科、金缕梅科等5科。

①连香树。连香树是一种古老稀有的珍贵乔木，被列为国家二级保护树种。落叶乔木，高达20～40米，胸径达1米。树皮灰色，纵裂，呈薄片剥落。叶在短枝上单生，在长枝上对生，近圆形或宽卵形，先端圆或锐尖，基部心形、圆形或宽楔形，边缘具圆钝锯齿，齿端具腺体。叶上面深绿色，下面粉绿色。花单性，雌雄异株。花先叶或与叶同时开放。每花有1苞片，无花被。雄花常4朵丛生，近无梗。雌花2～6（或8）朵丛生，心皮4～8，离生，每心皮有胚株多个，花柱红紫色。果2～4个，荚果状，微弯，先端渐细，有宿存花柱。每果含种子（翅果）约20粒，双行整齐排列，斜方形，略扁，棕褐色，长椭圆形，种皮薄纸质。

连香树为第三纪孑遗植物，中国和日本的间断分布种，对于研究第三纪植物区系起源以及中国与日本植物区系的关系，有十分重要的科研价值。在我国星散分布于皖、浙、赣、鄂、川、陕、甘、豫及晋东南地区，数量不多。不耐阴，喜湿，多生于海拔400～2700米的向

连香树

阳山谷、沟旁低湿地或杂木林中。中性、酸性土壤中都能生长。分布区气候冬寒夏凉，多数地区雨水较多，湿度大。

连香树是一种古老稀有的珍贵落叶高大乔木，树干通直，寿命长，树姿雄伟，叶型奇特美观。因此，是观赏价值很高的园林绿化树种。果与叶可作药用。叶含焦性儿茶酚；果主治小儿惊风抽搐、肢冷。连树香由于结实率低，幼苗易受暴雨、病虫等危害，故天然更新极困难，林下幼树极少。加之近年来乱砍、乱伐森林，环境遭到严重破坏，致使连香树分布区逐渐缩小，日益萎缩，成片植株更为罕见。如不及时保护，连香树资源要陷入灭绝的境地。

②领春木。领春木为落叶小乔木，高5～16米，胸径可达28厘米；树皮灰褐色或灰棕色，皮孔明显；小枝亮紫黑色；芽卵圆形，褐色。叶互生，卵形或椭圆形，先端渐尖，基部楔形，边缘具疏锯齿，近基部全缘，无毛，侧脉6～11对；叶柄长3～6厘米。花两性，先叶开放，6～12朵簇生；无花被；雄蕊6～14，花药红色，较花丝长，药隔顶端延长成附属物；心皮6～12，离生，排成1轮，子房歪斜，有长子房柄。翅果不规则倒卵圆形，长6～12毫米，先端圆，一侧凹缺，成熟时棕色，果梗长7～10毫米；卵圆形，紫黑色。

领春木多生于避风、空气湿润的山谷、沟壑或山麓林缘，常居林冠下层。为中性偏阳树种，幼树稍耐阴，随着树龄的增长，对光照的要求也遂渐增强。在郁闭的林冠下，枝干多弯曲，且常有干基萌生苗而呈灌木状。种子可孕率高；结实量大，常随溪沟流水传播，更新苗木多沿溪旁缓坡地生长。领春木为典型的东亚植物区系成分的特征种，又是古老的残遗植物，对研究植物系统发育、植物区系都有一

领春木

定的科学意义。花果成簇，红艳夺目，为优良的观赏树木。

③悬铃木。悬铃木俗称"法桐"，在植物分类学上属悬铃木科，科下仅有一属即悬铃木属，属下约7种，原产东南欧、印度及美洲。但我国引入栽培的仅3种，即二球悬铃木也称英桐和该杂交种的亲本一球悬铃木又称美桐、三球悬铃木又称法桐。现在我们通常把这三个种统称"法桐"。

悬铃木高20～30米，树冠曾阔钟形；干皮灰褐色至灰白色，呈薄片状剥落。幼枝、幼叶密生褐色星状毛。叶掌状5～7裂，深裂达中部，裂片长大于宽，叶基阔楔形或截形，叶缘有齿牙，掌状脉；托叶圆领状。花序头状，黄绿色。多数坚果聚全叶球形，3～6球成一串，宿存花柱长，呈刺毛状，果柄长而下垂。

悬铃木是阳性速生树种，抗逆

悬铃木

性强，不择土壤，萌芽力强，很耐重剪，抗烟尘，耐移植，大树移植成活率极高。对城市环境适应性特别强，具有超强的吸收有害气体、抵抗烟尘、隔离噪音能力，耐干旱、生长迅速。是世界著名的优良庭荫树和行道树。

④枫香树。枫香树为金缕梅科，枫香树属。又称路路通。乔木，高可达40米，胸径1.5米；树冠广卵形或略扁平。树皮灰色，浅纵裂，老时不规则深裂。叶常为掌状3裂，长6～12厘米，基部心形或截形，裂片先端尖，缘有锯齿；幼叶有毛，后渐脱落。果序较大，刺状萼片宿存。花期3～4月；果10月成熟。花单性同株，雄花排成茅黄花序，无花瓣，雄蕊多数，顶生，雌花圆头状，悬于细长花梗上，生于雄花下叶腋处；子房半下位2室，头状果实有短刺，花柱宿存；孔隙在果面上散放小形种子，果实

枫香树

落地后常收集为中药，名路路通。

　　枫香树性喜光，幼树稍耐阴，喜温暖湿润气候，耐干旱瘠薄土壤，不耐水涝。在湿润、肥沃而深厚的红黄壤土上生长良好。深根性，主根粗长，抗风力强，不耐移植及修剪。秋季日夜温差变大后叶变红、紫、橙红等，增添园中秋色。

　　枫香树分布于我国黄河以南至西南及广东、广西各地，台湾也有。垂直分布一般在海拔

1000～1500米以下之丘陵及平原。种子有隔年发芽的习性。不耐寒，黄河以北不能露地越冬，不耐盐碱及干旱，在我国南方低山、丘陵地区营造风景林很合适，在湿润肥沃土壤中大树参天十分壮丽。也可在园林中栽作庭荫树，可于草地孤植、丛植，或于山坡、池畔与其他树木混植。因枫香具有较强的耐火性和对有毒气体的抗性，可用于厂矿区绿化。木材有商品价值，园林中为良好庇荫树种，尤其南方的秋景主要为枫香树的红叶。

⑤最轻的树木——轻木。轻木是木棉科、轻木属中唯一的一种常绿中等乔木。一株10年生的轻木可高达16米，直径50～60厘米。叶宽心脏形，交互生长在枝条上。花大，色黄白，着生于树冠上层。结长圆形蒴果，里面有绵状的簇毛，由五个果瓣构成。种子倒卵形，淡红色或咖啡色，外面密被绒毛，像

美丽的红枫

轻 木

棉花籽一样。

作为最轻的木材，轻木每立方厘米只有0.1克重，是同体积水的重量的1/10。轻木是世界上最速生的树种之一，一年就可长到五六米，直径5～13厘米。由于它体内细胞组织更新很快，植株的各部分都异常轻软而富有弹性。由于质地的轻便、牢固，并且能够隔热、隔音，常被用做航空、航海以及其他

特种工艺的宝贵材料。

轻木原产南美洲及西印度群岛，当地人称它为"巴尔沙木"。"巴尔沙"在西班牙语中的意思是"筏子"，用轻木做筏子具有特别大的浮力，可载运更多的东西。

◆ **杜仲目**

杜仲。杜仲为落叶乔木，高达20米。小枝光滑，黄褐色或较淡，具片状髓。皮、枝及叶均含胶质。单叶互生；椭圆形或卵形，先端渐尖，基部广楔形，边缘有锯齿，幼叶上面疏被柔毛，下面毛较密，老叶上面光滑，下面叶脉处疏被毛；叶柄长1～2厘米。花单性，雌雄异株，与叶同时开放，或先叶开放，生于一年生枝基部苞片的腋内，有花柄；无花被；雄花有雄蕊6～10枚；雌花有一裸露而延长的子房，子房1室，顶端有2叉状花柱。翅果卵状长椭圆形而扁，先端下凹，内有种子1粒。花期4～5

月。果期9月。

杜仲生于山地林中或栽培。分布于长江中游及南部各省，河南、陕西、甘肃等地均有栽培。喜阳光充足、温和湿润气候，耐寒，对土壤要求不严，丘陵、平原均可种植，也可利用零星土地或四旁栽培。

◆ **胡桃目**

胡桃目植物为乔木，常有树脂。羽状复叶，互生，常无托叶。花单性同株。单花被，子房下位，1室或不完全的2～4室，胚珠1个直立，无胚乳。本目包含马尾树科和胡桃科。

①胡桃。胡桃为乔木，高达15

杜 仲

米；树皮灰褐色，幼枝有密毛。单数羽状复叶，长22～30厘米；小叶5～13，椭圆状卵形至长椭圆形，长6～15厘米，宽3～12厘米，全缘，背面沿侧脉腋内有一簇短柔毛。花单性，雌雄同株；雄葇荑花序下垂，长5～12厘米，雄蕊6～30；雌花单生或2～3聚生于枝端，直立；花柱2，羽毛状，绿白色。果序短，下垂，有核果1～3，果实形状大小及内果皮的厚薄均因品种而异；种子肥厚。花期4～5月，果期9～10月。

胡桃原产于欧洲东南部及亚洲西部，汉时传入我国，在华北、西北、西南及华中等地均有大量栽培，长江以商格省较少。1972年发现距今约7000多年磁山文化遗址胡

胡 桃

158

桃的出土，修改了所谓汉代张骞引自西域的说法。

胡桃喜温暖湿润环境，较耐干冷，不耐湿热，适于阳光充足、排水良好、湿润肥沃的微酸性至弱碱性壤土或粘质壤土，抗旱性较弱，不耐盐碱；深根性，抗风性较强，不耐移植，有肉质根，不耐水淹。

胡桃种仁含油量高，食用或榨油，为强壮剂，治慢性气管炎、哮喘等症；木材坚实，可制枪托等；内果皮及树皮富含单宁；核桃壳可制活性炭。种子含脂肪油、蛋白质、糖类；叶含挥发油、树胶、鞣质、氢化核桃叶酮。

②马尾树。马尾树为双子叶植物纲金缕梅亚纲马尾树科的唯一种。有香气的风媒落叶乔木。芽裸露。茎无细胞间通道，叶节有三个叶隙和三个叶迹；木质部导管分子伸长，具有梯状穿孔板，与胡桃科的原始属如黄杞等相似，但更为原始。无穿孔的管状分子主要是具小的具缘纹孔的纤维管胞，也有些粘质纤维；异形细胞，单列和多列混合等特征均和胡桃科相似；但木薄壁组织丰富，多半环管。互生羽状复叶；具含芳香树脂的基部半埋的质状腺鳞；气孔为不规则型等特征，也和胡桃科相似，但具托叶。花维也小而不显，但与胡桃科相差较大，其基本单位是从苞片腋的三花两岐花序，中间一朵完全，能育，侧花为退化不育雌花，由这些组成的柔荑花序再集合而成大而下垂的圆锥花序，因之得名为马尾树。

马尾树分布区域的气候特点为冬无严寒，夏无酷暑，温凉湿润。为阳性树种，能耐干旱瘠薄的土壤，但喜欢较湿润的生境。在山地常绿、落叶阔的土壤，但喜欢较湿润的生境。在山地常绿、落叶阔叶混交林或常绿阔叶林中，大多零星间杂在林冠空隙，局部阳光充足之

马尾树

◆ 壳斗目

壳斗目植物为单叶互生木本，有托叶。花单性，风媒，雌雄同株，单花被。柔荑花序，每苞片内常有3花，成二歧聚伞花序排列；雄蕊和花被片对生；雌蕊由2～3心皮结合而成，子房下位，悬垂胚珠。坚果。本目包括壳斗科、桦木科等3科。

处，构成上层大树；中下层林木，多明显表现受压现象，其树干弯曲，幼树、幼苗很少。但当这些森林被砍伐后，它就成片的生长，特别是在山坡下部、沟谷边缘，形成群落的建群成分。

马尾树为单种属植物，马尾树科仅此一种，为第三纪残遗种，对研究被子植物系统发育、植物区系以及古植物学等方面，有重要的科学价值。木材是培养香菇的好材料。

①白桦。白桦别名桦树、桦木、桦皮树等落叶乔木，高达25米，胸径50厘米；树冠卵圆形，树皮白色，纸状分层剥离，皮孔黄色。小枝细，红褐色，无毛，外被白色蜡层。叶三角状卵形或菱状卵形，先端渐尖，基部广楔形，缘有不规则重锯齿，侧脉5～8对，背面疏生油腺点，无毛或脉腋有毛。果序单生，下垂，圆柱形。坚果小而扁，两侧具宽翅。花期5～6月；

8～10月果熟。花单性，雌雄同株，葇荑花序。果序圆柱形，果苞长3～7毫米，中裂片三角形，侧裂片平展或下垂，小坚果椭圆形，膜质翅与果等宽或较果稍宽。

白桦喜光，不耐荫。耐严寒。对土壤适应性强，喜酸性土，沼泽地、干燥阳坡及湿润阴坡都能生长。深根性、耐瘠薄，常与红松、落叶松、山杨、蒙古柢混生或成纯林。天然更新良好，生长较快，萌芽强，寿命较短。产于东北大、小兴安岭、长白山及华北高山地区；垂直分布东北在海拔1000米以下，华北为1300～2700米。苏联西伯利亚东部、朝鲜及日本北部亦有分布。

白桦枝叶扶疏，姿态优美，尤其是树干修直，洁白雅致，十分引人注目。孤植、丛植于庭园、公园之草坪、池畔、湖滨或列植于道旁均颇美观。若在山地或丘陵坡地成

白　桦

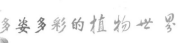

片栽植，可组成美丽的风景林。白桦是俄罗斯的国树。

②比钢铁还坚硬的树——铁桦树。铁桦树为桦木科，桦属植物。落叶乔木，花单性，雌雄同株，柔荑花序，坚果，两侧具膜质翅。靠种子繁殖，种子靠风力传播。喜光，耐寒，耐干旱瘠薄。

铁桦树是树中的硬度冠军。子弹打在这种木头上，就象打在厚钢板上一样，纹丝不动，被称为比钢铁还有硬的树。

铁桦树这种珍贵的树木，高约20米，树干直径约70厘米，寿命约300～350年。树皮呈暗红色或接近黑色，上面密布着白色斑点。树叶是椭圆形。它的产区不广，主要分布在朝鲜南部和朝鲜与中国接壤地区，俄罗斯南部海滨一带也有一些。

铁桦树的木坚硬，比橡树硬三倍，比普通的钢硬一倍，是世界上最硬的木材，人们把它用作金属的代用品。苏联曾经用铁桦树制造滚

铁桦树

球、轴承，用在快艇上。铁桦树还有一些奇妙的特性，由于它质地极为致密，所以一放到水里就往下沉；即使把它长期浸泡在水里，它的内部仍能保持干燥。

③板栗。板栗是中国栽培最早的果树之一，约已有2000～3000年的栽培历史。叶披针形或长圆形，叶缘有锯齿。花单性，雌雄同株；

雄花为葇荑花序，成熟后总苞裂开，栗果脱落。坚果紫褐色，被黄褐色茸毛，或近光滑，果肉淡黄。果实含糖、淀粉、蛋白质、脂肪及多种维生素、矿物质。

板栗历史悠久。西汉司马迁在《史记》的《货殖列传》中就有"燕，秦千树栗，……此其人皆与千户侯等"的明确记载。《苏秦

板　栗

传》中有"秦说燕文侯曰：南有碣石雁门之饶，北有枣栗之利，民虽不细作，而足于枣栗矣，此所谓天府也"之说。西晋陆机为《诗经》作注也说："栗，五方皆有，惟渔阳范阳生者甜美味长，地方不及也。"由此可见，我国的劳动人民早在六千多年前就已栽培板栗。板栗多生于低山丘陵缓坡及河滩地带，河北、山东、陕南镇安是板栗著名的产区。

美洲栗原来是美国东部的主要树种，但被一种真菌病传染几乎灭绝，欧洲和西亚的栗书树种类也容易受感染，但中国和日本的栗树种类对这种真菌有抵抗力，所以现在被美国引种，培养能抗真菌的杂交树种。

④世界上最粗的植物——百骑大栗树。百骑大栗树又叫"百马树"，生长在地中海西西里岛的埃特纳火山的山坡上。它的树干直径达17.5米，周长有55米。它不仅是世界上最粗的树木，也是最粗的植物。

然而火山喷发所带来的灾难和恐惧，却没有阻止生命的进程。相反，大量火山灰使山坡上和山脚步下土质肥沃、草木葱茏。百骑大栗树虽饱经沧桑，现在仍然枝繁叶茂，开花结实。树干下部有一大洞，采栗的人常在那里做临时的宿舍或仓库使用。相传古代的阿拉伯国王的王后亚妮，有一次带领百骑人马到埃特纳火山游玩，忽然天降大雨，百骑人马连忙跑到这棵大栗树下避雨。巨大浓密的树冠如天然华盖，给百骑人马遮住了大雨。因此，皇后高兴地称它为"百骑大栗树"。

"百骑大栗树"的正式树种名称叫欧洲栗，又称甜栗，是欧洲的乡土树种，非洲北部和亚洲西部也有分布。它的坚果可食，木材优良，可作建筑、家具、细工木用材。

百骑大栗树

⑤山毛榉。山毛榉科的山毛榉树形高大，枝条开展，树冠圆头状，树皮平滑而坚硬，灰色。叶互生，亮绿色，具锯齿及平行脉。雄花黄绿色，悬垂于线状的花枝；雌花通常成对地著生在同株的具毛短枝上。坚果具三棱，味甜，包在具刺的壳斗中。美洲山毛榉（大叶山毛榉）原产于北美东部，欧洲山毛榉分布于整个英国和欧亚大陆。两者均为重要的材用树种，在欧洲和北美常栽为观赏植物；可高达30米。

美洲山毛榉的叶狭窄，有粗锯齿，蓝绿色，多叶脉，长13厘米，秋天变黄；欧洲山毛榉的叶稍短，卵形，深绿色，秋天变红褐色，但在气候适宜的地区经冬不凋。在亚

欧洲山毛榉

洲种中，中国山毛榉高约20米；日本山毛榉高达24米，在基部即分为几条基干。中国山毛榉和日本山毛榉或西博尔德氏山毛榉在西半球栽为观赏植物。墨西哥山毛榉为材用树，通常高40米，叶楔形。东方山毛榉是高约30米的金字塔形欧洲树种，树干灰白色，叶楔形，长达15厘米，有波状边缘。

◆ 石竹目

石竹目植物有些为肉质植物。

花两性，稀单性，辐射对称，同被、异被或单被。花盘有或无；雄蕊定数，2至1轮，1轮者常与花被对生，子房上位，常合生，弯生胚珠，多数至1个。胚弯曲，包围淀粉质的外胚乳。本目包括石竹科、藜科、商陆科、紫茉莉科、仙人掌科、番杏科、粟米草科、马齿苋科、落葵科、苋科等12科。

①石竹花。石竹花但因其茎具节，膨大似竹，故得此名。为多年生草本植物，但一般作一二年生栽培。株高30~40厘米，直立簇生。茎直立，有节，多分枝，叶对生，条形或线状披针形。花萼筒圆形，花单朵或数朵簇生于茎顶，形成聚伞花序，花径2~3厘米，花色有紫红、大红、粉红、紫红、纯白、红色、杂色，单瓣5枚或重瓣，先端锯齿状，微具香气。花瓣阳面中下部组成黑色美丽环纹，盛开时瓣面如碟闪着绒光，绚丽多彩。花期4

石竹花

月～10月，集中于4月～5月。蒴果矩圆形或长圆形，种子扁圆形，黑褐色。

石竹花性耐寒、耐干旱，不耐酷暑，夏季多生长不良或枯萎，栽培时应注意遮荫降温。喜阳光充足、高燥、通风及凉爽湿润气候。

石竹在中国栽培历史悠久，明《花史》载"石竹花须每年起根分种则茂。"扼要地总绍了石竹宜经常分栽的特征，清《花镜》也提到"枝叶如茗，纤细而青翠。"石竹可以全草或根入药。具清热利尿、破血通经之功效。

②猪毛菜。猪毛菜为藜科，一年生草本，高可达1米。茎近直立，通常由基部多分枝。叶条状圆柱形，肉质，长2～5厘米，宽0.5～1毫米，先端具小刺尖，基部稍扩展下延，深绿色或有时带红色，光滑无毛或疏生短糙硬毛。穗状花序，小苞叶2，狭披针形，先端具刺尖，边缘膜质；花被片5，透明膜质，披针形，果期背部生出不等形的短翅或草质突起。胞果倒卵形，果皮子膜质；种子横生或斜生。

猪毛菜适应性、再生性及抗逆

猪毛菜

美丽的仙人掌

性均强，为耐旱、耐碱植物，有时成群丛生于田野路旁、沟边、荒地、沙丘或盐碱化沙质地，为常见的田间杂草。5月开始返青，7～8月开花，8～9月果熟。果熟后，植株干枯，于茎基部折断，随风滚动。

猪毛菜是中等品质的饲料。幼嫩茎叶，羊少量采食。调制后猪、禽喜食。猪毛菜果期全草可为药用，治疗高血压，效果良好。

③仙人掌。仙人掌为肉质多年生植物。虽然少数种类栖于热带或亚热带地区，但多生活在已适应的干燥地区。仙人掌的茎通常肥厚，含叶绿素，草质或木质。多数种类的叶或消失或极度退化，从而减少水分所由丢失的表面积，而光合作用由茎代替进行。根系通常纤细，纤维状，浅而分布范围广，用以吸

收表层的水分。

仙人掌科原产于北美和南美，从不列颠哥伦比亚和亚伯达省向南的大部分地区；其南界达到智利和阿根廷。墨西哥的仙人掌种类最多。仅仙人棒属可能原产于旧大陆，分布于东非、马达加斯加及斯里兰卡。但许多学者认为本属是从世界其他地方引入这些地区。

仙人掌类广泛栽作观赏植物。此外，刺梨（仙人果）和乔利亚掌（均属仙人掌属）也栽培用作食物。在南美，仙人掌属和山影掌属以及其他一些种类用作活篱笆，在某些荒漠地区，木质的柱状仙人掌类用作燃料。圆桶掌（猛仙人掌属和仙人球属）在紧急情况下是水的来源。

④粟米草。粟米草为一年生草本，粗壮，全株密被星状柔毛。茎外倾，多分枝，长10～40厘米。基生叶莲座状，早落；茎生叶轮生或

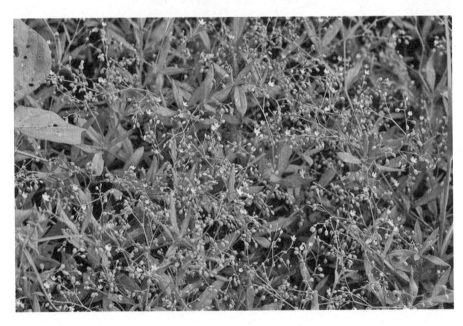

粟米草

对生，叶片倒卵形至长圆状匙形，全缘，长6～24毫米，宽5～15毫米，顶端圆钝或急尖，基部渐狭，下延；叶柄极短。

粟米草分布于我国西南部至东部地区。多生于湿润旷地或田边。全草药用。具有清热解毒、化痰、消肿的功效。

⑤食虫植物——猪笼草。猪笼草是有名的热带食虫植物，主产地是热带亚洲地区。猪笼草拥有一幅独特的吸取营养的器官——捕虫囊，捕虫囊呈圆筒形，下半部稍膨大，因为形状像猪笼，故称猪笼草。在中国的产地海南又被称作雷公壶，意指它像酒壶。这类不从土壤等无机界直接摄取和制造维持生命所需营养物质，而依靠捕捉昆虫等小动物来谋生的植物被称为食虫植物。

猪笼草原产东南亚和澳大利亚的热带地区。1789年引种到英国，然后在欧洲主要植物园内栽培

观赏。1882年育成了第一种猪笼草——绯红猪笼草。1911年又选育了库氏猪笼草。到了20世纪中叶，猪笼草的育种、繁殖和生产开始产业化，并进入家庭观赏。20世纪90年代以来，美国、日本、法国、德国、澳大利亚等国成立了国际食虫植物协会。

⑥菠菜。菠菜是我们常见的蔬菜，藜科菠菜属一年生或二年生草本。又称菠薐、波斯草。以叶片及嫩茎供食用。原产于伊朗，2000年前已有栽培。后传到北非，由摩尔人传到西欧西班牙等国。中国至迟在唐代已有菠菜的栽培。

菠菜主根发达，肉质根红色，味甜可食。根群主要分布在25～30厘米的土壤表层。叶簇生，抽薹前叶柄着生于短缩茎盘上，呈莲座状，深绿色。单性花雌雄异株，两性比约为1∶1，偶尔也有雌雄同株的。雄花呈穗状或圆锥花序，雌花簇生于叶腋。胞果，每果含 1 粒

猪笼草

种子，果壳坚硬、革质。按果实外苞片的构造可分为有刺种和无刺种两个类型。菠菜属耐寒性蔬菜，长日照植物。生长过程中需水较多，对土壤要求不严格。

菠菜茎叶柔软滑嫩、味美色鲜，含有丰富维生素 C、胡萝卜素、蛋白质以及铁、钙、磷等矿物质。其中丰富的铁对缺铁性贫血有改善作用，能令人面色红润，光彩照人，因此被推崇为养颜佳品。

⑦紫茉莉。紫茉莉为多年生草本花卉，常作一年生栽培，高可达一米。块根植物，根肥粗，倒圆锥形，黑色或黑褐色。主茎直立，圆柱形，多分枝，节稍膨大。单叶对生，叶片卵形或卵状三角形，顶端渐尖，基部截形或心形，全缘，两面均无毛，脉隆起；叶柄长1～4厘米，上部叶几无柄。花常数朵簇生枝端；萼片呈花瓣样，花柱长1～2毫米；总苞钟形，长约1厘米。5

菠　菜

裂。裂片三角状卵形，花被紫红色、黄色、白色或杂色（白、黄、红色为其变种）。花午后开放，有香气。雄蕊5，花丝细长，花药球形；花柱单生，线形。柱头头状。花冠漏斗形，边缘有波状浅裂，但不分瓣。瘦果球形，黑色，有棱，表面具皱纹，似地雷状；种子白色，子叶呈非常细的白粉样。花期6～10月，果期8～11月。

该花数朵顶生，花色有白、黄、红、粉、紫，并有条纹或斑点状复色，具茉莉香味更觉淡雅。变种有矮生紫茉莉，株高约30厘米，种子瘦小，其中有一种玫瑰红色的品种，观赏价值很高。还有重瓣品种"楼上楼"，是紫茉莉中的名品。

紫茉莉原产于南美热带地区，性喜温和而湿润的气候条件，不耐寒，冬季地上部分枯死，在江南地区地下部分可安全越冬而成

紫茉莉

174

为宿根草花，来年春季续发长出新的植株。

⑧马齿苋。马齿苋又名长命菜、五行草、安乐菜。一年生草本，长可达35厘米。茎下部匍匐，四散分枝，上部略能直立或斜上，肥厚多汁，绿色或淡紫色，全体光滑无毛。单叶互生或近对生；叶片肉质肥厚，长方形或匙形，或倒卵形，先端圆，稍凹下或平截，基部宽楔形，形似马齿，故名"马齿苋"。夏日开黄色小花。蒴果圆锥形，自腰部横裂为帽盖状，内有多数黑色扁圆形细小种子。

马齿苋作为一种野菜，中国老百姓食用已久，确实别具风味。夏秋季节，采拔茎叶茂盛、幼嫩多汁者，除去根部，洗后烫软，将汁轻轻挤出，拌入食盐、米醋、酱油、生姜、大蒜、麻油等佐料和调味品，做凉菜吃，味道鲜美，滑润可口。也可烙饼，做馅蒸食。我国许多地方的群众，至今还有将马齿苋洗净，烫过，切碎，晒干，贮为冬菜食用的习惯。

⑨落葵。落葵在非洲、美洲栽培较多。中国栽培历史悠久，在公元前300年即有关落葵的记载。目前在中国南方各省栽培较多，在北方也有栽培，一直列入稀特蔬菜。

落葵为一年生缠绕草本。全株肉质，光滑无毛。茎长达3～4米，分枝明显，绿色或淡紫色。单叶互生；叶片宽卵形、心形至长椭圆形，先端急尖，基部心形或圆形。穗状花序腋生或顶生，单一或有分枝；小苞片2，呈萼状，长圆形；花无梗，萼片5，淡紫色或淡红色，下部白色，连合成管；无花瓣；雄蕊5个，生于萼管口，和萼片对生，花丝在蕾中直立；花柱3，基部合生，柱头具多数小颗粒突起。果实卵形或球形，长5～6毫米，暗紫色，多汁液，为宿存肉质小苞片和萼片所包裹。种子近球形。花期6～9月，果期7～10月。

落葵喜温暖湿润和半阴环境，不耐寒，怕霜冻，耐高温多湿，宜在胆沃疏松和排水良好的沙壤土中生长。落葵为蔓性草本，紫红色茎叶，淡红色花朵和紫黑色果实，颇为可爱，适用于庭院、窗台阳台和小型篱栅装饰美化米，另外还有很高的营养价值。

◆ 五桠果目

五桠果目植物为木本或草本。花整齐，两性，异被，5基数，覆瓦状排列；雄蕊多数，离心式发育；心皮分离，或结合而为中轴胎座；种子常有胚乳。本目包括五桠果科和芍药科。

①大花五桠果。大花五桠果为常绿乔木，高30米，胸径1米。树皮灰色或浅灰色。小枝粗壮，初时被绣色粗毛。叶革质，倒卵形或倒卵状长圆形，长15～30厘米，宽8～14厘米，顶端圆形或钝，边缘有疏离小齿，腹面除叶脉稍被短粗

毛外，其余皆近无毛，背面被疏短粗毛；叶柄上面无毛，下面密被绣色粗毛或近无毛。总花梗被黄褐色粗毛，不具花苞片，花大，黄色，直径10～13厘米，2～4朵组成顶生总状花序；花梗粗壮，密被黄褐色粗毛；花药顶孔开裂。果近球形，不开裂，暗红色；种子数多，倒卵形，暗褐色。

大花五桠果植物在全世界约有60种，分布于亚洲热带、大洋洲、马达加斯等地区。我国有3种，除大花第伦桃外，还有第伦桃和小花第伦桃，但以大花第伦桃的经济价值最高，它主要分布于广东、广西、福建、海南和云南等省。

大花第伦桃树姿优美，叶色青绿，树冠开展如盖，分枝低，下垂至近地面，具有极高的观赏价值。可作热带、亚热带地区的庭园观赏树种、行道树或果树，近几年在华南地区的苗木市场上十分畅销。

②花中皇后——芍药。芍药为

大花五桠果

多年生宿根草本，高1米左右。具纺锤形的块根，并于地下茎产生新芽，新芽于早春抽出地面。初出叶红色，茎基部常有鳞片状变形叶，中部复叶二回三出，小叶矩形或披针形，枝梢的渐小或成单叶。花大且美，有芳香，单生枝顶；花瓣白、粉、红、紫或红色，花期5~8个月。

芍药性耐寒，在我国北方都可以露地越冬，土质以深厚的壤土最适宜，以湿润土壤生长最好，但排水必须良好。积水尤其是冬季很容易使芍药肉质根腐烂，所以低洼地、盐碱地均不宜栽培。芍药性喜肥，圃地要深翻并施入充分的腐熟厩肥，在阳光充足处生长最好。

芍药自先秦以来就有记载，是深受我国人民喜爱的一种花卉。据《本草》："芍药犹绰约也，美好

芍 药

貌。此草花容绰约，故以为名"。芍药不仅是名花，而且根可供药用。根据分析，芍药根含有芍药甙和安息香酸，用途因种而异。中药里的白芍主要是指芍药的根，它是镇痉、镇痛、通经药。

③国色天香——牡丹。牡丹是我国的特有花卉，它雍容华贵，富丽多姿，被誉为"国色天香""花中之王"，又有"富贵花"之称。它是和平幸福的象征，一直深为人们所喜爱。在花园、庭院中栽种牡丹，艳绝群芳，香气宜人，使人心旷神怡，乐在其中。

牡丹原产于中国西部秦岭和大巴山一带山区，汉中是中国最早人工栽培牡丹的地方，为落叶亚灌木。喜凉恶热，宜燥惧湿，在年平均相对湿度45%左右的地区可正常生长。喜光，亦稍耐阴。要求疏松、肥沃、排水良好的中性壤土或砂壤土，忌粘重土壤或低温处栽植。花期4～5月。

牡丹为多年生落叶小灌木生长缓慢，株型小，株高多在0.5～2米之间；根肉质，粗而长，中心木质化，长度一般在0.5～0.8米，极少数根长度可达2米；根皮和根肉的色泽因品种而异；枝干直立而脆，圆形，为从根茎处丛生数枝而成灌木状。花单生于当年枝顶，两性，花大色艳，形美多姿。

牡　丹

植物百花园

最早关于牡丹的专著

《洛阳牡丹记》是中国现存最早的关于牡丹的专著。成于宋代，欧阳修编纂。该书分为3篇，先是介绍了花色品种，其中甄别了24种牡丹名品的次第；其次专释花名，讲述了各色牡丹品种的来历；最后一篇为风俗记，记述了洛阳人赏花、接花、种花、浇花、养花及医花等不同的内容。该著作对于今天牡丹的种植、养护有着颇多的参考价值。

◆ **杨柳目**

本目仅杨柳科一科，形态特征同科。

杨柳科。杨柳科为落叶乔木或灌木。单叶互生，稀对生，锯齿缘或全缘，有托叶或早落，稀缺，雌雄异株，偶有例外，花无花被，着生于苞片腋内，排列成柔荑花序，下垂或直立，先于叶或与叶同时开放，有腺体或花盘，稀退化，雄蕊2至多数，风媒或虫媒传粉，雌花由雌蕊、花盘或腺体组成，子房由2～4心皮合成一室。蒴果2～4瓣裂。种子数粒至多数，基部围有丝质长毛，借风力传播。共3属约620多种，主要分布于北半球寒带至温带地区，少数种分布到热带和南半球地区。中国3属都产，共计320多种，全国各省区均有分布。

杨属约100多种，广泛分布于欧、亚、北美大陆。中国自生的约57种。杨树是中国的主要造林树种，以速生丰产、适应性强、容易繁殖著称。杨树也是营造速生丰产、农田防护、防风固沙、护岸、水土保持及绿化的重要树种。木材色白，轻软，纹理细致，可供建筑、板材、造纸、制火柴杆等用，杨叶可用作牛、羊饲料，有的种的芽脂、花序供药用，树皮含单宁，可作鞣料。该属常见的种类有毛白杨、加杨、青杨、山杨等。

柳属约520多种，分布于北半球的温带和寒带地区，少数种分布在热带及南半球。中国有257种，分布广泛，以西南、东北、西北山区种类最为集中。该属常见的种类有旱柳、垂柳、中国黄花柳、蒿柳、杞柳、筐柳等。

钻天柳属（朝鲜柳属）仅一种。钻天柳分布于亚洲东北部至中国东北三省东部和大兴安岭林区。

◆ 桃金娘目

桃金娘目植物为木本，稀草本。单叶，全缘，常对生，无托

垂　柳

叶。茎内常有双韧维管束。花两性，整齐，5或4基数，稀6基数（千屈菜科）；雄蕊2倍于花瓣，成2轮，与花瓣同数或多数；雌蕊群常减少，子房多室至1室，花柱1，柱头头状，子房由上位至下位，胚珠1至多数，中轴胎座，胚乳存在或缺。本目包括桃金娘科、千屈菜科、瑞香科、菱科、安石榴科、柳叶菜科、野牡丹科、使君子科等12个科。

①洋蒲桃。洋蒲桃又名莲雾，属桃金娘科，蒲桃属，是热带多年生的常绿乔木。原产于马来半岛、安达曼群岛。17世纪引入我国台湾，20世纪30年代后海南、广东、广西、福建和云南先后引种，目前栽培仍少。

洋蒲桃树高5～15米，树冠圆头形，树皮褐色，枝粗壮，单叶对生、椭圆形，幼嫩叶紫红色；花为聚散花序，顶生或腋生，白色；单果，肉质浆果成串聚生，钟形或梨形，果皮鲜红、淡红、暗紫红、粉红、白色等，有光泽；果肉白色，棉絮状，汁多，味淡甜，有香味，种子多数退化，少数仍有1～3枚，红褐色。

洋蒲桃适应性强，粗生易长，投产早，一年开花结果多次，产量高，营养好，是我国热带地区有发展前途的树种。果实以鲜食为主，含有蛋白质、糖、矿物元素和维生素等。优良品种的果肉味清甜，带苹果香气，食用时加少许食盐风味更佳，也可盐渍或制成果酱、果汁等。

②世界最高的树——杏仁桉。在澳大利亚的草原上生长着一种高耸入云的巨树，它们一般都高达百米以上，最高的竟达156米，比美洲的巨杉还高14米，相当于50层楼的高度，难怪人们把它称为"树木世界里的最高塔"。这种树木叫杏仁桉或杏仁香桉，属桃金娘科，生长在大洋洲的半干旱地区。它的树

洋蒲桃

干没有什么枝杈，笔直向上，逐渐变细，到了顶端，才生长出枝叶。这种树形有利于避免风害。

杏仁桉基部周围长达30米，这样高大的树木，地下的根也扎得又深又广，便于吸收足够的水分和防止大风把树刮倒。树干笔直，向上则明显变细，枝和叶密集生在树的顶端。叶子生得很奇怪，一般的叶是表面朝天，而它是侧面朝天，像挂在树枝上一样，与阳光的投射方向平行。这种古怪的长相是为了适应气候干燥、阳光强烈的环境，减少阳光直射，防止水分过分蒸发。

杏仁桉树干笔直、树基粗大，树根扎得又深又广，吸水量特别大，有"抽水机"的雅号。它吸的水多，蒸发的水也多。据说，它每年可以蒸发掉17.5万千克的水，真是惊人。人们往往把它种在沼泽地

杏仁桉

达5～7米，一般3～4米，但矮生石榴仅高约1米或更矮。树干呈灰褐色，上有瘤状突起，干多向左方扭转。树冠内分枝多，嫩妓有棱，多呈方形。小枝柔韧，不易折断。一次枝在生长旺盛的小枝上交错对生，具小刺。叶对生或簇生，呈长披针形至长圆形，或椭圆状披针形；花两性，依子房发达与否，有钟状花和筒状花之别，花有单瓣、重瓣之分。

区，利用它"抽水"的特性来吸干沼泽，开垦出新的土地。同时，由于沼泽地变成了干燥地，蚊子便失去了滋生的环境，因而阻止了疟病的传播，又被当地人称为"防疟树"。

③石榴。石榴是落叶灌木或小乔木，在热带则变为常绿树。树冠丛状自然圆头形。树根黄褐色。生长强健，根际易生根蘖。树高可

成熟的石榴皮色鲜红或粉红，常会裂开，露出晶莹如宝石般的子粒，酸甜多汁。因其色彩鲜艳、子多饱满，常被用作喜庆水果，象征多子多福、子孙满堂。石榴成熟于中秋、国庆两大节日期间，是馈赠亲友的喜庆吉祥佳品。石榴能消除女性更年期障碍。

④柳兰。柳兰茎直立，基部稍

石　榴

木质化。单叶互生、长披针形、近全缘。总状花序顶生、穗状，花红紫色，大而多。花期6~8月。蒴果线形。扦插、播种或分株繁殖，花后将根状茎切成数段植于土中即可成苗。春季播种，实生苗第3年开花。花谢后，将老枝剪去，促使侧枝萌发，可继续开花。花穗长，色鲜艳，是理想的夏季花卉、花境背景材料。

柳兰生于海拔3100~4250米的山坡林缘、林下及河谷湿草地。分布于我国西南、西北、华北及东北。北温带广泛分布，北美洲、欧洲至日本、小亚细亚至喜马拉雅等地也有。柳兰花穗长大，花色艳美，是较为理想的夏花植物。其地下根茎生长能力极强，易形成大片

柳　兰

群体，开花时十分壮观。它植株较高，极适宜做花境的背景材料。柳兰作用插花，也很秀美。

⑤榄仁树。榄仁树俗名枇杷树，属落叶乔木，原产于亚洲热带地区，例如马来西亚、菲律宾等地。叶紧密互生，单叶，呈广椭圆形，簇生于枝条末端，叶片可长达25厘米。叶端较阔，叶质厚，呈革质。叶背基部中脉的两边，各有两枚细小的腺体。落叶前会转为美丽的紫红色。花期3～6月，白色穗状花序，缺乏花瓣，顶端是雄花，下方是雌花及两性花。花细小，白色或黄绿色。穗状花序，聚生于叶腋位置。广椭圆形核果，黄褐色，长达5厘米。外形像橄榄。果子含纤维质，可在水上飘浮，内果皮坚

硬而质轻可漂浮于海面上，具有海漂植物传布的特性。

榄仁树高大粗壮，对土质要求不高，但适宜种植于排水良好，并且有充足阳光的地方。在充足空间下，榄仁树可生长成近似木棉的平衡分层树冠，是理想的观叶乔木。在尖沙咀、观塘及天水围一带，不难发现种植作为路旁树的榄仁树。

榄仁树带杏仁味的果仁可以食用，也可用来榨油。树皮及果皮可作染料，木材可用于建筑或用来制造器具。

◆ **蔷薇目**

蔷薇目植物为木本或草本。单叶或复叶，互生，稀对生，有托叶。花两性，稀单性，辐射对称，花部5基数，轮生；雄蕊多数至定数；子房上位至下位；心皮多数离生到合生或仅1心皮，胚珠多数至少数。本目包括海桐花科、八仙花科、茶藨子科、景天科、虎耳草科、蔷薇科等24科。

①海桐。常绿灌木或小乔木，高达3米。枝叶密生，树冠聊。叶多数聚生枝顶，单叶互生，有时在枝顶呈轮生状，厚革质狭倒卵形，长5～12厘米，宽1～4厘米，全缘，顶端钝圆或内凹，基部楔形，边缘常略外反卷，有柄，表面亮绿色，新叶黄嫩。聚伞花序顶生；花白色或带黄绿色，芳香，花柄长0.8～1.5厘米；萼片、花瓣、雄蕊各5；子房上位，密生短柔毛。蒴果近球形，有棱角，长达1.5厘米，初为绿色，后变黄色，成熟时3瓣裂，果瓣木质；种子鲜红色，有粘液。花期5月，果熟期9～10月。

海桐为亚热带树种，故喜温暖湿润的海洋性气候，喜光，亦较耐荫。对土壤要求不严，粘土、沙土、偏碱性土及中性土均能适应，萌芽力强，耐修剪。

在气候温暖的地方，海桐是理

想的花坛造景树，或造园绿化树种，尤其是适合种植于海滨地区。多做房屋基础种植和绿篱。北方长盆栽观赏，温室过冬。

②八仙花。八仙花又名绣球、紫阳花，为虎耳草科八仙花属植物。八仙花花洁白丰满，大而美丽，其花色能红能蓝，令人悦目怡神，是常见的盆栽观赏花木。

八仙花原产于我国和日本，1736年引种到英国。在欧洲，荷兰、德国和法国栽培比较普遍，在花店可以看到红、蓝、紫等色八仙花品种。在小庭园、建筑物前地栽八仙花也不少。

八仙花花球硕大，顶生，伞房花序，球状，有总梗。每一簇花，中央为可孕的两性花，呈扁平状；外缘为不孕花，每朵具有扩大的萼片四枚，呈花瓣状。八仙花初开为青白色，渐转粉红色，再转紫红色，花色美艳。

③草莓。蔷薇科草莓属多年生常绿草本。主要种类有东方草莓、森林草莓、绿色草莓、智利草莓和威州草莓。分布于北半球和南美洲，以欧洲最多，美国、日本、朝鲜、墨西哥、加拿大等次之。中国多在大、中城市郊区种植。栽培品种多为威州草莓和智利草莓及其杂交后代。

草莓植株矮小，有短粗的根状茎，逐年向上分出新茎，新茎具长柄三出复叶。聚伞花序顶生，花白

草　莓

色或淡红色。花谢后花托膨大成多汁聚合果，红色或白色、球形、卵形或椭圆体形，通常称为鸡心形，表面分布形似白芝麻的种子。其中着多数种子状的小瘦果。喜温暖湿润和较好阳光，不耐严寒、干旱和高温。根是由新茎和根状茎上的

不定根组成。根状茎3年后开始死亡，以第2年产量最高，3年后降低。秋季用匍匐茎繁殖。壮苗定植，施足基肥，收获一季即行更新，可连年高产。露地和温室保护地栽培均可。我国是世界上草莓野生资源最丰富的国家，很早就开始

大花草

利用野生草莓，并一直沿袭至今。

④世界第一大花——大花草。大花草是双子叶植物纲蔷薇亚纲大花草科大花草属的一种。产于马来群岛。属于一种肉质寄生草本植物，主轴极短，重达9千克。花巨大，直径50~90厘米，艳色，有腐败气味，吸引嗜腐肉昆虫传粉，花被内面有小疣突。雌雄异株。雌花子房下位，有不规则的腔隙，胚珠多数，着生于侧膜胎座上，珠被单层。雄花的花药多室，顶孔开裂。

大花草寄生在像葡萄一类的白粉藤根茎上。这种古怪的植物，本身没有茎，也没有叶，一生只开一朵花。花刚开的时候，有一点儿香味，不到几天就臭不可闻。大花草更为奇特的是，它既没有叶子，也没有茎，而是寄生在葡萄科爬岩藤属植物的根或茎的下部。

⑤爱情之花——玫瑰。玫瑰又被称为刺玫花、徘徊花、刺客、穿心玫瑰。蔷薇科蔷薇属灌木。枝杆多刺。奇数羽状复叶，小叶5~9片，椭圆形，有边刺，表面多皱纹，托叶大部和叶柄合生。花单生数朵聚生，紫红色、粉红色、黄色、白色、有芳香。夏季4~5月开花。

玫瑰原产于亚洲中部和东部干燥地区；现在主要在我国华北、西北和西南及日本、朝鲜、北非、墨西哥、印度均有分布，在其他许多国家也被广泛种植。喜阳光，耐旱，耐涝，也能耐寒冷，适宜生长在较肥沃的沙质土壤中。

玫瑰象征爱情和真挚纯洁的爱，人们多把它作为爱情的信物，是情人间首选花卉。玫瑰花可提取高级香料玫瑰油，玫瑰油价值比黄金还要昂贵，故玫瑰有"金花"之称。

⑥落地生根。落地生根为景天科多年生肉质草本植物，可长成亚灌木状，叶肥厚，叶片边缘锯齿处可萌发出两枚对生的小叶，在潮湿

的空气中，上下面能长出纤细的气生须根，这小幼芽均匀排列在大叶片的边缘，一触即落，且会落地生根。

落地生根原产于南非马达加斯加岛，山坡上或溪边灌木丛中，喜阳光充足温暖湿润的环境，较耐，甚耐寒，适宜生长于排水良好的酸性土壤中。落地生根除能用叶上的不定芽"播种"外，还可以用叶扦插，做法是将叶平铺在基质上，土壤不要太潮，待其生根后切开，或将叶切成段，切口阴干后扦入基，用此法易生根。落地生根生于山坡、沟边路旁湿润的草地上，各地温室和庭园常栽培。

⑦山梅花。山梅花为虎耳草科山梅花属，落叶灌木。植株高达3～5米，树皮褐色，薄片状剥落，小枝幼时密生柔毛，后渐脱落。叶卵形至卵状长椭圆形，长3～10厘米不等，缘具细尖齿，表面疏生短毛，背面密生柔毛，脉上毛尤多，花白色，径2.5～3.0厘米，无香味，萼外有柔毛，花柱无毛，5～11朵成总状花序，花期为5～7月，果期为8～9月成熟。

山梅花适应性强，喜光，喜温暖也耐寒耐热。怕水涝。对土壤要求不严，生长速度较快，适生于中原地区以南。花开于去年生枝条

落地生根

山梅花

上，修剪应在花后进行。繁殖方式以扦插、播种、分株等法进行。可作为庭院及风景区绿化观赏材料，宜丛植、片植于草坪、山坡、林缘地带，若与建筑、山石等配植效果也很好。

◆ 罂粟目

罂粟目植物为草本或灌木。花两性，辐射对称或两侧对称，异被；雄蕊多数至少数，分离或联合成2束；心皮合生，子房1室，侧膜胎座。种子有丰富的胚乳，胚小。本目由罂粟科和紫堇科2个科组成。

①罂粟。罂粟为一年生或二年生草木，株高60～100厘米。茎平滑，被有白粉。叶互生，灰绿色，无柄，抱茎，长椭圆形。花芽常下垂，单生，开时直立，花大而美丽，萼片2枚，绿色，早落；花瓣4枚，白色、粉红色或紫色。果长

椭圆形或壶状，约半个拳头大小，黄褐色或淡褐色，平滑，具纵纹。种子多数，很像死不了的种子，很小，肾形，花期4～5月，果期6～8月。罂粟原产于地中海东部山区、小亚细亚、埃及、伊朗、土耳其等地，公元7世纪时由波斯地区传入中国。现在以印度与土耳其为两大主要产地；亚洲方面，以中国、泰国、缅甸边境的金三角为主要非法种植地区。

罂粟是提取毒品海洛因的主要毒品源植物，长期应用容易成瘾，慢性中毒，严重危害身体，成为民间常说的"鸦片鬼"。严重的还会因呼吸困难而送命。它和大麻，古柯并称为三大毒品植物。所以，我国对罂粟种植严加控制，除药用科

荷包牡丹

研外，一律禁植。

②荷包牡丹。荷包牡丹为多年生草本，株高30~60厘米。具肉质根状茎。叶对生，2回3出羽状复叶，状似牡丹叶，叶具白粉，有长柄，裂片倒卵状。总状花序顶生呈拱状。花下垂向一边，鲜桃红色，有白花变种；花瓣外面2枚基部囊状，内部2枚近白色，形似荷包。蒴果细而长。种子细小有冠毛。

荷包牡丹可耐半荫。性强健，耐寒而不耐夏季高温，喜湿润，不耐干旱。宜富含有机质的壤土，在沙土及黏土中生长不良。其叶丛美丽，花朵玲珑，形似荷包，色彩绚丽，是盆栽和切花的好材料，也适宜于布置花径和在树丛、草地边缘湿润处丛植，景观效果极好。

◆ **睡莲目**

睡莲目植物为水生草本，室内维管束分散。花常两性，单生子叶腋;花部3至多数，心皮常多数，子房上位或下位，每室有1至多数胚珠。坚果。本目包括莲科、睡莲科、莼菜科、金鱼藻科等5科。

①睡莲。睡莲为多年生水生花卉。根状茎粗短。叶丛生，具有细长叶柄，浮于水面，低质或近革质，近圆形或卵状椭圆形，直径6~11厘米，全缘，无毛，上面浓绿，幼叶有褐色斑纹，下面暗紫色。花单生于细长的花柄顶端，多白色，漂浮于水，直径3~6厘米。萼片4枚，宽披针形或窄卵形。聚合果球形，内含多数椭圆形黑色小坚果。花单生，萼片宿存，花瓣通常白色，雄蕊多数，雌蕊的柱头具6~8个辐射状裂片。浆果球形，为宿存的萼片包裹。种子黑色。因其花色艳丽，花姿楚楚动人，在一池碧水中宛如冰肌脱俗的少女，而被人们赞誉为"水中女神"。

睡莲在园林中运用很早，在2000年前，中国汉代的私家园林中就曾出现过它的身影。在16世纪，意大利就把它作为水景主题材料。由于睡莲根能吸收水中的汞、铅、苯酚等有毒物质，还能过滤水中的微生物，是难得的水体净化的植物材料，所以在城市水体净化、绿化、美化建设中倍受重视。

睡莲是花、叶俱美的观赏植物。古希腊、罗马最初敬为女神供奉，16世纪意大利的公园多用来装饰喷泉池或点缀厅堂外景。现欧美园林中选用睡莲作水景主题材料极为普遍。

②花中君子——荷花。荷花原产于南部亚洲广大地带，从越南到阿富汗都有，一般分布在中亚、西亚、北美、印度、中国、日本等亚热带和温带地区。中国早在三千多年即有栽培，现今在辽宁及浙江均发现过碳化的古莲子，可见其历史之悠久。

荷花具有古老植物的某些特性，在植物学上属双子叶植物，但某些特征又与单子叶植物相同：两枚子叶互生排列，且茎部合生；茎内的维管束系分散排列，叶脉除一条通到叶尖者外，其余都是二歧式分枝叶脉。实生苗具有直立的茎轴和未发育的主根；同时，还保存着陆生高等植物空中传粉的要求。

20世纪50年代，我国科技工作者在辽宁普兰店的泥炭土地层中发现了千年古莲子，当时中国科学院北京植物园以及苏联、日本等国的科学家，都曾使用这种莲子进行发芽和栽培试验，均获得成功，称之为"古代莲"。与此同时，日本人大贺一郎在日本千叶县析见川的地层中掘得2000年前的古莲（指莲子），种植后也能发芽成活，这就是轰动一时而被誉为"和平之花"的"大贺莲"。

荷花中通外直，出于污泥而不染，古往今来诗人墨客都用以赞美人之高尚品德。花叶多姿，婷婷玉立于水中，给人以清净高雅之感。

荷花在佛教中被视为净洁圣物，倍受尊敬。

③叶子最大的水生植物——王莲。王莲是水生有花植物中叶片最大的植物，其初生叶呈针状，长到2～3片叶呈矛状，至4～5片叶时呈戟形，长出6～10片叶时呈椭圆形至圆形，到11片叶后叶缘上翘呈盘状，叶缘直立，叶片圆形，像圆盘浮在水面，直径可达2米以上，叶面光滑，绿色略带微红，有皱褶，背面紫红色，叶柄绿色，长2～4米，叶子背面和叶柄有许多坚硬的刺，叶脉为放射网状。每叶片可承重数十千克，二三十千克重的小孩坐在上面也不会沉没。

王莲原产于南美洲热带水域，自生于河湾、湖畔水域。现已引种到世界各地大植物园和公园。我国从20世纪50年代开相继从国外引种，克鲁兹王莲在中国曾有栽培，但现在我国只有亚马逊王莲和长木

王　莲

王莲两个种。

④金鱼藻。金鱼藻为沉水性多年生水草，全株深绿色。茎细长，平滑，长20～40余厘米，疏生短枝。叶轮生，开展，每5～9枚集成一轮，无柄，通常为1回二叉状分歧，有时为2回二叉状分歧，裂片丝状线形或线形，稍脆硬，先端具2个短刺尖，边缘散生刺伏细齿。花小，单性，每1～3朵单生于节部叶腋，具极短的花梗，总苞深裂，线形，长达1毫米余，顶端具2个短刺尖，花后宿存；雄花具多数雄蕊，雄蕊狭椭圆形，几无花丝，花药外向，药隔的附属体顶端具2个短刺尖；雌花具1枚雌蕊，花柱宿存，呈针刺状。坚果椭圆状卵形或椭圆形，略扁平，具3枚针刺，基部附近的2枚针刺向下倾斜，顶部的1枚针刺（宿存的花柱）比果体长半倍至1倍。花期6～7月，果期8～9月。

金鱼藻群生于淡水池塘、水沟、稳水小河、温泉流水及水库中。分布于中国（东北、华北、华东、台湾）、蒙古、朝鲜、日本、马来西亚、印良尼西亚、俄罗斯及其他一些欧洲国家、北非及北美。为世界广泛分布品种。可做猪、鱼及家禽饲料。

◆ 锦葵目

锦葵目植物为木本或草本，茎皮多纤维。单叶互生，具托叶，幼小植物具星状毛。花两性或单性，整齐，5基数；花萼镊合状排列；花瓣旋转状排列；雄蕊多数，多少联生，稀定数；常合生，中轴胎座，常有胚乳。本目包含椴树科、锦葵科、杜英科、梧桐科、木棉科5个科。

①最能储水的植物——纺锤树。纺锤树生长在南美洲的巴西高原上，远远望去很像一个个巨型的纺锤插在地里。纺锤树有30米高，两头尖细，中间膨大，最粗的地方

直径可达5米，里面贮水约有2吨。雨季时，它吸收大量水分，贮存起来，到干季时来供应自己的消耗。纺锤树和旅人蕉一样，可以为荒漠上的旅行者提供水源。人们只要在树上挖个小孔，清新解渴的"饮料"便可源源不断地流出来，解决人们在茫茫沙海中缺水之急。

纺锤树目前是植物界中储水的冠军。它有30多米高，树干两头细中间粗，最粗的地方直径可达5米，这使得它远远望去像是插在地里的一巨型的纺锤。纺锤树的树干里可贮存两吨多的水，在当地，若以每天人均消费3千克水来计算，砍一株纺锤树几乎可供四口之家饮用半年。世界上再也没有比这更能储水的植物了。

②椴树。椴树为落叶乔木。无顶芽，侧芽单生，芽鳞2～3。叶互生，基部偏斜，有锯齿，稀全缘；有长柄；托叶早落。花两性，白色或黄色；聚伞花序，花序梗下半部与窄舌状苞片贴生；萼片5，镊合状排列；花瓣5，覆瓦状排列，基部常有小鳞片；雄蕊多数，离生或合生成5束，有时具花瓣状退化雄蕊，与花瓣对生；子房5室，每室胚珠2。坚果或核果，种子1～2。

椴树主要分布于北温带和亚热带。共约80种，我国32种，坚果类主产于温带，核果类主产于亚热带。椴树为优良用材树种；茎皮供纤维原料。花具蜜腺，芳香，为优良蜜源树种。

③颜色变化最多的花——弄色木芙蓉。弄色木芙蓉又名三弄芙蓉，是锦葵科木槿属的落叶灌木或小乔木，也是自然界颜色变化最多的花。株高2～5米，枝条密被星状短柔毛，单叶互生，掌状，5～7裂，裂片三角形，先端尖，边缘有锯齿，叶柄圆筒形，长达20厘米。花生于叶腋或枝顶，多为重瓣复心，花径15厘米左右，花期9～11月。据南宋《种

纺锤树

199

艺必用》一书记载：弄色木芙蓉产于邛州，其花一日白，二日鹅黄，三日浅红，四日深红，至落呈微紫色，人称"文官花"。

普通的木芙蓉花一般是朝开暮谢，就是著名的"醉芙蓉"，也是早晨初开花时为白色，至中午为粉红色，下午又逐渐呈红色，至深红色则闭合凋谢，单朵花只能开放一天。而弄色木芙蓉却花开数日，逐日变色，实为罕见。由于每朵花开放的时间有先有后，常常在一棵树上看到白、鹅黄、粉红、红等不同颜色的花朵，甚至一朵花上也能出现不同的颜色。据考证，这些颜色上的改变其实都是花内色素随着温度和酸碱浓度的改变而改变的结果。

◆ **杜鹃花目**

杜鹃花目植物为稀草本。单叶，无托叶。花两性，稀单性，辐射对称或稍两侧对称，常5基纸，

花瓣基部结色，偶分离雄蕊为花瓣的倍数，偶同数而互生；花药常有芒或距等附属物，顶孔开裂，常为四合花粉子房上位或下位，中轴胎座，胚珠多数，有胚乳。本目包括山柳科、杜鹃花科、鹿蹄草科、水晶兰科等8科。

①云锦杜鹃。云锦杜鹃又名天目杜鹃。常绿灌木或小乔木。原产于我国长江流域及华南地区。伞形花序有花6～12朵，粉红，有香味。花期为4～5月份。喜温和气候，不耐严寒，喜酸性土。如植于园林中，碱土需更换，整理地形使排水通畅，北面及西面应有挡风遮荫设施。播种繁殖。

云锦杜鹃属杜鹃花科，是1600多种杜鹃花中的佼佼者。主要在华顶峰上，形成独特的古树群。成片面积达100余亩，有古花树108株，一般胸径达25厘米，高5米。每株树开花上千朵，故又称"千花杜鹃"。其生长在终年云雾缭绕的千

云锦杜鹃

米高山上，浙江有多处可见，仅华顶有蔚为壮观的大片云锦杜鹃林，数量之多，花色之美，实为罕见。云锦杜鹃是一种常绿大灌木，高可达丈余，树冠如蓬，浑圆平整，枝条横逸斜出，叶片草质，形似枇杷叶或大型彩伞，正面墨绿油亮，光彩耀人。

②鹿蹄草。鹿蹄草别名鹿寿草、破血丹、鹿含草、六衔草。多年生常绿草本花卉。全体光滑无毛，根状茎细长呈匍匐状。叶基生，圆形或广椭圆形，带革质，叶背和叶柄灰蓝绿色。总状花序，生于花茎顶端，花瓣白色，稍带粉红色。蒴果扁球形。花期5～6月，果期9～10月。鹿蹄草属阴性，喜湿润的生长环境。常用播种和分株繁殖。原产于我国，广泛分布于华东、华南和西南等地。

鹿蹄草叶色蓝绿，叶脉明显，是理想的室内盆栽观叶植物。初夏开花，带有芳香，在江南庭院和岩石园中丛植或孤植均宜。鹿蹄草全草可入药。

鹿蹄草

◆ **菊目**

本目仅菊科一科，形态特征同科。菊科约1000属，25000～30000种，广泛分布于全世界，热带较少。

①傲霜斗寒争春华——菊花。菊花原产于中国，在我国已有1600年以上的栽培历史，它的品种丰富

异常，变异层出不穷，是当今全球商品性生产总产值最高的名花。

提起菊花，人们就会想到屈原的名句"夕餐秋菊之落英"和《礼记》："季秋之月，菊有黄华"。其实，这里的"菊"或"秋菊"，是和"战地黄花分外香"的"黄花"一样，都是指的野菊。野菊花小而繁，色黄叶碎，我国南北均多野生，它之见重于古人，主要因其有药用、饮用及食用等经济价值。野菊是家菊（即栽培菊，菊花亦同之）的重要祖先之一，但非唯一的原种。

中国的家菊大抵始自晋代著名的田园诗人陶渊明。陶渊明在江西故里以艺菊自娱。他曾"秋菊盈园"，并有赏菊名句："三径就

荒，松、菊犹存""采菊东篱下，悠然见南山""秋菊有佳色，褒露掇其英"等。宋代，艺菊之风大盛，出现了不少菊花专书和菊谱。刘蒙《菊谱》中记载品种35个，除形色之外，还记其产地，并论述了菊花在栽培条件下的多方变异，这是我国也是世界上第一部菊花专著。洛阳是当时栽培菊花最盛的都市，品种也最为集中。刘蒙的《菊谱》就是在他游洛阳之际写成的。

②一枝黄花。一枝黄花为多年生草本，别名黄花草、蛇头王、满山草、百根草、朝天一柱香、一枝箭。高30～80厘米，地下根须状；茎直立，光滑，分枝少，基部带紫

一枝黄花

红色，单一。单叶互生，卵圆形、长圆形或披针形，长4～10厘米，宽1.5～4厘米，先端尖、渐尖或钝，边缘有锐锯齿，上部叶锯齿渐疏至全近缘，初时两面有毛，后渐无毛或仅脉被毛；基部叶有柄，上部叶柄渐短或无柄。头状花序直径5～8毫米，聚成总状或圆锥状，总苞钟形；苞片披针形；花黄色，舌状花约8朵，雌性，管状花多数，两性；花药先端有帽状附属物。瘦果圆柱形，近无毛，冠毛白色。花期9～10月，果期10～11月。

一枝黄花多生于热带、亚热带地区的山坡、草地、路旁。产于华东、中南、西南。喜凉爽气候，适宜砂质壤土或粘质土壤栽培。对于鹅掌风、灰指甲、脚癣等病症，可煎汤浸洗患部，具有良好的药效。

③最短命的植物——短命菊。短命菊是世界上生命周期最短的植物之一，它的寿命还不到一个月。这种生活习性是它适应特殊生存环境的结果。短命菊又叫"齿子草"，是菊科植物，生活在非洲撒哈拉大沙漠中。那里长期干旱，很少降雨。许多沙漠植物都有退化的叶片、保存水分的本领来适应干旱环境。短命菊却与众不同，它形成了迅速生长和成熟的特殊习性。只要沙漠里稍微降了一点雨，地面稍稍有点湿润，它就立刻发芽，生长开花。整个一生的生命周期，只有短短的三四个星期。

短命菊的舌状花排列在头状花序周围，像锯齿一样。有趣的是，短命菊的花对湿度极其敏感，空气干燥时就赶快闭合起来；稍稍湿润时就迅速开放，快速结果。果实熟了，缩成球形，随风飘滚，传播他乡，繁衍后代。由于它生命短促，来去匆匆，所以称为"短命菊"。

④和尚菜。和尚菜根状茎匍匐，直径1～1.5厘米，自节上生出多数的纤维根。茎直立，高30～100厘米，中部以上分枝，稀

自基部分枝，分枝纤细、斜上，或基部的分枝粗壮，被蛛丝状绒毛，有长2～4厘米的节间。根生叶或有时下部的茎叶花期凋落；下部茎叶肾形或圆肾形，基部心形，顶端急尖或钝，边缘有不等形的波状大牙齿，齿端有突尖，叶上面沿脉被尘状柔毛，下面密被蛛丝状毛，基出三脉，有狭或较宽的翼，翼全缘或有不规则的钝齿；中部茎叶三角状圆形，向上的叶渐小，三角状卵形或菱状倒卵形，披针形或线状披针形，无柄，全缘。头状花序排成狭或宽大的圆锥状花序，花梗短，被白色绒毛。总苞半球形，总苞片5～7个，宽卵形。雌花白色，长1.5毫米，檐部比管部长，裂片卵状长椭圆形，两性花淡白色，长2毫米，檐部短于管部2倍。瘦果棍棒状，长6～8毫米，被多数头状具柄的腺毛。花果期6～11月。

和尚菜全国各地都有分布。在日本、朝鲜、印度、苏联远东地区都有分布。生河岸、湖旁、峡谷、阴湿密林下；在干燥山坡亦有生长；从平原到海拔3400米的山地均可见。

⑤最著名的除虫植物——除虫菊。除虫菊为多年生草本。全株浅银灰色，被贴伏绒毛，叶下面毛更密。茎单生或少数簇生，不分枝或分枝。叶银灰色，有长叶柄，叶片卵形或矩圆形，顶端钝或短渐来。头状花序单生茎枝顶端，排成疏散不规则伞房状，异形；外层总苞片无膜质边缘异色，内层总苞片有宽而光亮的膜质边缘，顶端有加宽的附片；舌状花白花。

除虫菊是菊科多年生草本植物，有着菊科植物的淡雅、清新与别致。然而这样美丽的植物却偏偏是蚊虫等害虫的致命克星。原来，除虫菊中含有除虫菊素和灰菊素，除虫菊素又称除虫菊酯，是一种无色的黏稠的油状液体，当蚊虫接触之后，就会使其浑身麻痹，中毒而

死。除虫菊不仅能够灭蚊虫，还是消灭果蔬害虫的好帮手。正因为如此，它和烟草、毒鱼藤被亲呢地合称为"三大植物性农药"。

⑥蒲公英。蒲公英又称黄花地丁，是温带至亚热带常见的一种一年或二年生植物。蒲公英叶子从根部上面一圈长出，围着一两根花茎。花茎是空心的，折断之后有白色的乳汁。花为亮黄色，由很多细花瓣组成。成熟之后，花变成一朵圆的蒲公英伞，被风吹过会分为带着一粒种子的小白伞。各国儿童都以吹散蒲公英伞为乐。

蒲公英原产于欧亚大陆，人工引进到美洲和澳大利亚。因为生长

蒲公英

力非常强，在新居繁旺，很少有人记得这并非当地生物。一般人将它当作杂草，为了花园或草坪的美观而除去蒲公英。

蒲公英可以作食物或草药。早春的嫩蒲公英也是一种野菜。现在已经有家养出来的，比野生的大很多。嫩蒲公英可以凉拌，烧汤或炒熟。老了的也能吃，但是比较苦。不苦的蒲公英也可以拌肉作饺子馅，味道和西洋菜做的馅差不多。欧洲人在中世纪时就已经用蒲公英花来酿酒。蒲公英叶子含有很多维生素A和维生素C。蜜蜂也常到蒲公英采花粉和蜜糖。蒲公英是还一种中草药，《本草纲目》记载："蒲公英主治妇人乳痈肿，水煮汁饮及封之立消。解食毒，散滞气，清热毒，化食毒，消恶肿、结核、疔肿。"

单子叶植物纲

单子叶植物纲是被子植物门二纲之一，又称百合纲。种子的胚具一片子叶，植物多为草本，稀为木本（龙血树）；茎中维管束星散排列，无形成层，不能次生加粗；叶具平行脉或弧形脉；花部通常为3的基数；多成须根系。按恩格勒系统分为三大类，即萼花区、冠花区和颖花区。

◆ 泽泻目

泽泻目是水生或半水生草本植物。叶互生，常密集于根状茎或匍匐茎的近顶端而呈基生状，通常基

部扩大和具鞘。花序聚伞状伞形、总状或圆锥花序，有时单生；花整齐，3基数（部分为多数），两性或单性；花被6，排成2轮，外轮3片，呈花萼状，内轮3片，呈花瓣状；雌蕊3～20离生（或基部联合），排成1轮或螺旋状排列。泽泻目包括花蔺科、泽泻科等。

①黄花蔺。黄花蔺是花蔺科黄花蔺属唯一的种，是从国外新引进的优秀水生观赏花卉。生长于热带，是盛夏水景绿化的优良材料。该科约有5属，10种植物，我国有2属2种。其拉丁种名flava是"黄色的"意思，指它的花黄色。

黄花蔺在原产地属多年生挺水草本植物。具有质须根，老根黄褐色，新根白色，最长的根15～20厘米。叶基部丛生，叶片挺水生长，叶色亮绿，椭圆形，长约13厘米，全缘，先端圆形或微凹，基部钝圆，叶面光滑，弧形脉10～12条；叶柄三棱形，长15～20厘米，

内具海绵组织，基部鞘状。

黄花蔺的繁殖较特殊，有性繁殖和无性繁殖可同时进行，为其中种群的繁衍打了"双重保险"。黄花蔺生长于沼泽、湿地中，水稻田中也很常见。黄花蔺喜温暖、湿润，在通风良好的环境中生长最佳，在北京作为一年生植物栽培。黄花蔺在园林绿化中，是布置水景的中后景布置，也可盆栽孤植供观赏，还可食用或作家畜饲料。

②泽泻。泽泻为多年生草本，高可达100厘米，地下茎球形或卵圆形，密生多数须根。叶通常多数，沉水叶条形或披针形；单生叶、数片单生基部，叶片椭圆形，有明显弧形脉5～7条。挺水叶宽披针形、椭圆形至卵形。花莛高78～100厘米，或更高；花序长15～50厘米。花丛自叶丛中生出，为大型轮生状的同锥花序，小花梗长短不一。果环状排列，扁平倒卵形，褐色。该物种为中国植物

泽　泻

图谱数据库收录的有毒植物，其毒性为全株有毒，地下块茎毒性较大。茎、叶中含有毒汁液，牲畜皮肤触之可发痒、发红、起泡；食后产生腹痛、腹泻等症状，还能引起麻痹。

泽泻生于湖泊、河湾、溪流、水塘的浅水带，沼泽、沟渠及低洼湿地也有生长。泽泻为水生植物，喜生长在温暖地区，耐高湿，怕寒冷，土壤以肥沃而稍带黏性的土质为宜，幼苗期喜荫蔽，移栽后则喜阳光充足，通常栽培于水田或烂泥田里。用于园林沼泽浅水区的水景布置，整体观赏效果甚佳。在水景中既可观叶、又可观花。

◆ 水鳖目

水鳖目仅有水鳖科一科，形态特征同科。

①海菜花。海菜花为多年生水生草本，茎短缩。叶基生，沉

水，叶形态大小变异很大，披针形、线状长圆形、卵形或广心形，先端钝或渐尖，基部心形或垂耳形，全缘、波状或具微锯齿，叶脉5一条，弧形，下面脉上有时出现肉刺状突起；叶柄随水体深浅而异，生水田中的长5～20厘米，生湖泊中的长达3米。花单性，雌雄异株，花草长短随水深浅而异，圆柱形，光滑，佛焰苞具21棱，有时棱上和棱间具刺、雄株佛焰苞内有雄花40～50，雌株含花2～10，先后在水面开放，花后连同佛焰苞沉入水底。

海菜花为沉水植物，可生长在4米的深水中，要求水体清晰透明，喜温暖。同株的叶片形状、叶柄和花葶的长度因水的深度和水流急缓而有明显的变异。一般花期5~10月，但在温暖地区全年可见开花。为我国特有种。生于湖泊、池塘、沟渠及水田中。

海菜长年生长于水中，其根伸成茎，茎伸为藤，藤生化为独片鹅掌形阔叶，四季轮开黄蕊白瓣小花，夏季结爪形肉质"菜果"。其叶翠绿欲滴，茎白如玉，花朵清香宜人，是一种蛋白质丰富和富有多种维生素及微量元素的天然野生水菜。食用方法包括炒、汆、烩、煮等多种方式。

◆ **槟榔目**

槟榔目仅槟榔科（棕榈科）一科，形态特征同科。

①槟榔。槟榔树干笔直，圆柱形不分枝，胸径10～15厘米，高10～13米以上。茎干有明显的环状叶痕，幼龄树干呈绿色，随树龄的增长逐渐变为灰白色。叶丛生茎顶，羽状复叶，长1.3～2米，叶柄三棱形，环包茎干。小叶长披针形，表面平滑无毛。肉穗花序，佛焰苞黄绿色；花单性，雌雄同株，花被6；雄花2列，互生于花序小穗顶端，花小而多，约2000余朵；

最适宜生长温度为20℃～25℃。一般在海拔低的地区生长较好。其喜湿而忌积水，雨量充沛且分布均匀则对生长有利。槟榔主要分布在中非和东南亚，如印度、巴基斯坦、斯里兰卡、马来半岛、新几内亚、印度尼西亚、菲律宾、缅甸、泰国、越南、柬埔寨等国。我国引种栽培已有1500年的历史，海南、台湾两省栽培较多，广西、云南、福建等省（区）也

槟　榔

雌花着生于花序小穗基部，花大而少，约250～550朵。雄花有退化雄蕊6枚，花桂3枚，子房上位，一室。坚果，卵圆形；种子1粒，圆锥形。

槟榔生长在热带季风雨林中，形成了一种喜温、好肥的习性。

有栽培。

②种子最大的植物——海椰子。海椰子为棕榈科植物，原产于塞舌耳群岛。花着生于巨大的肉质穗状花序上，雌雄异株。果实被一肉质而多纤维的外皮，里面坚果状的部分通常2瓣，似两个椰子，可

海椰子

食，但商业价值不大。是已知最大的果，约需10年才成熟。外壳常用制盛水器皿和盘子。在植株发现以前早就发现种子萌发后的中空的果实飘浮于印度洋上。

海椰子的种子是世界上最重、最大的种子，直径在30厘米以上，重可达25千克，其中的坚果也有15千克，它仅产于印度洋塞舌尔共和国的小岛上，通常需要20年～40年才能开花结果，果实要8年才能成熟，全世界每年收获的种子不过1200料左右。海椰子的坚果是一

种复椰子，好像是合生在一起的两瓣椰子，因此，塞舌尔人将其誉为"爱情之果"。

海椰子树分为雌雄两种，雄树高大，雌树娇小，生长速度都极为缓慢，从幼株到成年需要25年的时间。雄树每次只花开一朵。雌株的花朵要在受粉两年后才能结出小果实，待果实成熟又得等上七八年时间。一棵海椰子树的寿命长达千余年，可连续结果850多年。最神奇的是，这种树雌雄双株总是相依而生，树的根系在地下紧紧缠绕在一

起，如果其中一棵树早夭，另一棵也不忍独活，会殉情而死。

③最长的植物——白藤

白藤茎干一般很细，有小酒盅口那样粗，有的还要细些，有长的节间。它的顶部长着一束羽毛状的叶，叶面长尖刺，无纤鞭，裂片每侧7～11枚，上部4～6枚聚生，两侧的单生或2～3成束，束间距离较远。茎的上部直到茎梢又长又结实，也长满又大又尖往下弯的硬刺。它象一根带刺的长鞭，随风摇摆，一碰上大树，就紧紧的攀住树干不放，并很快长出一束又一束新叶。接着它就顺着树干继续往上爬，而下部的叶子则逐渐脱落。

虽然白藤的茎只有4～5厘米粗，但长度却达二三百米，有的甚至达四五百米，堪称植物之最。白藤浑身长满小的钩刺，这样当它在森林中随风摇摆的时候即有可能钩住一棵大树，一旦钩住它就会沿着大树往上攀爬、蔓延，爬到树顶再

迂回向下接着缠绕，直到自身停止生长为止。最终人们看到的就是：大树被缠了无数个藤圈，成为热带森林中一道独特的景观。

◆ 天南星目

天南星目为草本，稀为攀援木本，极少数为水生植物。叶宽，具柄。花小，高度退化，密生成肉穗花序，通常为一大形佛焰苞片所包。佛焰苞片常具彩色；花被缺或退化为鳞片状;子房上位。浆果或胞果，种子有丰富胚乳或有时缺如。本目包括天南星科和浮萍科。

①麒麟叶。麒麟叶为大型藤本。茎圆柱形，粗壮。叶片薄革质，幼叶狭披针形或披针状长圆形，基部浅心形，成熟叶沿中肋有两行星散的中脉两侧有小穿孔，茎粗叶大，有吸根，其叶呈羽状裂，几达中脉，有，是良好的观叶植物。肉穗花序圆柱形。佛焰苞外面绿色，里面黄色，花期4～5月。

麒麟叶

麒麟叶喜温暖、湿润、荫蔽，不耐寒，较耐旱。忌阳光直晒。要求土质肥沃，排水良好。适生于富含腐殖质比较肥沃的土壤中。初冬入室后，室内温度不能低于0℃，并节制浇水。麒麟叶产中国台湾、海南、广东、广西等省区，福建等省有栽培；自印度、马来半岛至菲

律宾、太平洋诸岛和大洋洲都有分布。其攀援性强，可作垂直绿化材料，点缀环境。也可盆栽观赏。茎、叶可供药用。

②浮萍。浮萍叶状体对称，倒卵状椭圆形或近圆形，长2～5毫米，宽2～3毫米，有不明显的3脉，两面绿色；根鞘无附属物，根尖钝形。果实近陀螺状；种子有深纵脉纹。花期6～7月。 广布全省，在我国各省都是常见的水面浮生植物。全草可作家畜和家禽的饲料。

紫萍又名紫背浮萍。腹面呈淡绿色至灰绿色，背面呈棕绿色至紫棕色者。以色绿、背紫、干燥、完整、无杂质者为佳。

青萍又名绿背浮萍。叶状体腹

背两面均呈绿色者。以色绿、干燥、完整、无杂质者为佳。

③最小的有花植物——无根萍。无根萍是浮萍的一种，它的个子太小了，长只有1毫米多，宽不到1毫米，比芝麻还小得多。无根萍的外形同一般萍很相似，它们上面平坦，底下隆起。顾名思义，这种植物是没有根的。有趣的是，这种微小的植物也有花，花当然更小，只有针尖般大。

无根萍构造很简单，整个植物体已经没有根茎叶的区别，外观呈椭圆球形，内部充满小气室，主要由可行光合作用的薄壁细胞所组成。因为植物体太小，连其它浮萍还保有残存的维管束组织也都完全退化掉了。

◆ **鸭跖草目**

鸭跖草目为草本。叶互生或基生，具叶鞘，少有叶鞘不存在。花

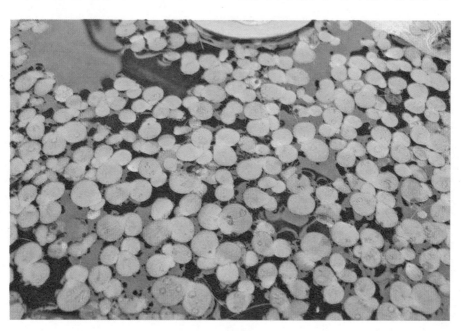

无根萍

鸭跖草

两性。整齐或不整齐，3基数，区分花萼与花冠；萼片3，绿色或膜片状；花瓣3，分离或基部联合；雄蕊1～3；雌蕊由3心皮组成；子房上位，3室或1室。蒴果；种子有胚乳。本目包含鸭跖草科、黄眼草科等4科。

鸭跖草。鸭跖草茎圆柱形，肉质，长30～60厘米，下部茎匍匐状，节常生根，节间较长，表面呈绿色或暗紫色，具纵细纹。叶互生，带肉质；卵状披针形，先端短尖，全缘，基部狭圆成膜质鞘，总状花序，花3、4朵，深蓝色，着生于二叉状花序柄上的苞片内；苞片心状卵形，摺叠状，端渐尖，全缘，基部浑圆，绿色；花被6，2列，绿白色，小形，萼片状，内列3片中的前1片白色，卵状披针形，基部有爪，后2片深蓝色，成花瓣状，卵圆形，基部亦具爪；雄蕊6，后3枚退化，前3枚发育；蜂蕊

1，柱头头状。蒴果椭圆形，压扁状，成熟时裂开。

鸭跖草生于路旁、田边、河岸、宅旁、山坡及林缘阴湿处。全国大部分地区有分布。同属植物茎叶的水浸剂或煎剂能兴奋子宫、收缩血管，并能缩短凝血时间。

◆ 莎草目

莎草目为草本。叶具叶鞘。花生于颖状苞片内，由1至多数小花组成小穗；花被退化为鳞片状、刚毛状、鳞被状；子房上位，由2~3心皮构成，1室。本目包括莎草科和禾本科。

①莎草。莎草又名香附子，属一年生草本植物。喜沙土和沙壤土。主要分布于沙滩区果园。是为害旱地作物为主的恶性杂草。繁殖蔓延迅速，难以根除。匍匐根茎长，先端具肥大纺锤形的块茎，外皮紫褐色，有棕毛或黑褐色的毛状物。茎高15~95厘米，锐三棱形，

基部呈块茎状。叶窄线形，短于秆，宽2~5毫米；鞘棕色，常裂成纤维状。叶状苞片2~5；长侧枝聚伞花序简单或复出，穗状花序轮廓为陀螺形；小穗3~10，线形，小穗轴具较宽的、白色透明的翅；鳞片覆瓦状排列，膜质，卵形或长圆状卵形，长约3毫米，中间绿色，两侧紫红色或红棕色，具脉5~7条；雄蕊3，药线形；花柱长，柱头3。小坚果长圆状倒卵形。花果期5~11月。

莎草为常见杂草，生于田间、山坡、路旁。广泛分布于我国北部和西北、西南部。前苏联、日本、越南、印度、大西洋沿岸等地均有分布。莎草根为中药香附子。

②花期最短的植物——小麦。小麦的世界产量和种植面积，居于栽培谷物的首位，以普通小麦种植最广，占全世界小麦总面积的90%以上。小麦是一种温带长日照植物，适应范围较广，自北纬

18°～50°，从平原到海拔4000米的高度（如中国西藏）均有栽培。按照小麦穗状花序的疏密程度，小穗的结构，颖片、外稃和芒以及谷粒的性状、颜色、毛绒等，种下划分为极多亚种、变种、变型和品种；根据对温度的要求不同，分冬小麦和春小麦两个生理型，不同地区种植不同类型。

开花的各种植物中，花期有长有短，各有不同。昙花开放的时间很短，人们常常用"昙花一现"来比喻某种事物或现象迅速消逝。其实昙花的寿命最少也会保持4个小时，相比之下，小麦开化的时间只有5分钟，最多也不会超过30分钟，仅及昙花的1/48左右。因此，小麦的花是世界上寿命最短的花。

③绿竹。绿竹秆高6～9厘米，径5～8厘米，节间长20～30厘米，初时披白色腊粉，光滑无毛；节平无毛，分枝习性高，枝多数簇生于各节上主枝明显。箨鞘黄绿色，质地硬脆，背面贴生棕色细毛，以后则无毛而具光泽；箨耳微小，鞘口遂毛纤细；箨叶直立，三角形或长三角形，基部与鞘口等宽，背面无，腹部粗糙。笋味鲜美，俗称"马蹄笋"，为最著名笋用竹种。

绿竹为台湾省普遍栽培的竹类之一。竿可作建筑用材或劈篾编制用具，亦为造纸原料。笋味鲜美，质地柔软，除蔬食外，还可加工制笋干或罐头；由于笋期长，产量丰富，故商品效益颇大。此外在台湾还有在本种竹竿刮取竹茹，作为解热的中药材。

④生长速度最快的植物——毛竹。中国的毛竹是世界上生长最快的植物。它从出笋到竹子长成，仅仅需要两个月左右的时间，高度却可达到20米，相当于六七层楼的高度。毛竹在生长高峰时，一昼夜能长高1米。"雨后春笋"的说法即是由此而来。

毛竹为常绿乔木状竹类植物，

毛　竹

秆大型，高可达20米以上，粗达18厘米。秆箨厚革质，密被糙毛和深褐色斑点和斑块，箨耳和繸毛发达，箨舌发达，箨片三角形，披针形，外翻。高大，秆环不隆起，叶披针形，笋箨有毛。喜温暖湿润气候，在深厚肥沃、排水良好的酸性土壤上生长良好，忌排水不良的低洼地。毛竹林面积大、分布广、经济价值较高，生产潜力很大，发展毛竹生产具有重要现实意义。

![植物百花园]

最早关于竹子的专著

　　《生谱》是中国最早关于竹子的专著。成于晋代，戴凯之编纂。该书分两大部分，前一部分简略概述了竹的性状、特点，后一部分则讲述了70余种各异的竹子，其中很多种类的竹子名称与今名大不相机。全书以四字一句的整齐骈文为纲，将各条目均加以注解，颇具特色。

　　⑤芦苇。芦苇多年水生或湿生的高大禾草，生长在灌溉沟渠旁、河堤沼泽地等。芦苇的植株高大，地下有发达的匍匐根状茎。茎秆直立，秆高1～3米，节下常生白粉。叶鞘圆筒形，无毛或有细毛。叶舌有毛，叶片长线形或长披针形，排列成两行。叶长15～45厘米，宽1～3.5厘米。圆锥花序分枝稠密，向斜伸展，花序长10～40厘米，小穗有小花4～7朵；颖有3脉，一颖短小，二颖略长；第一小花多为雄性，余两性；第二外样先端长渐尖，基盘的长丝状柔毛长6～12毫米；内稃长约4毫米，脊上粗糙。具长、粗壮的匍匐根状茎，以根茎繁殖为主。

　　芦苇生长于池沼、河岸、河溪边多水地区，常形成苇塘。世界各地均有生长，在我国则广布，其中以东北的辽河三角洲、松嫩平原、三江平原，内蒙古的呼伦贝尔和锡林郭勒草原，新疆的博斯腾湖、伊犁河谷及塔城额敏河谷，华北平原的白洋淀等苇区，是大面积芦苇集中的分布地区。

◆ 姜 目

姜目多为草本植物，具根状茎及纤维状或块状根。茎很短至伸长，或为叶柄下部的叶鞘重叠而成。叶2列或螺旋状排列，具开展或闭合的叶鞘。花两性或有时单性，通常两侧对称，基本上为3基数，异形花被；雄蕊1或5，稀为6枚，通常有特化为花瓣状的退化雄蕊；子房下位。蒴果，但有时为1分果或肉质不开裂果。种子具胚乳。本目包含芭蕉科、姜科、旅人蕉科、兰花蕉科、竹芋科等8科。

①旅行家树——旅人蕉。旅人蕉为常绿乔木状多年生草本植物。株高约10米。干直立，不分枝。叶成两纵列排于茎顶，呈窄扇状，叶

旅人蕉

221

片长椭圆形。蝎尾状聚伞花序腋生，总苞船形，白色。为旅人蕉科旅人蕉属常绿乔木状多年生草本植物，高大挺拔，娉婷而立，貌似树木，实为草本，叶片硕大奇异，状如芭蕉，左右排列，对称均匀，犹如一把摊开的绿纸折扇，又像正在尽力炫耀自我的孔雀开屏，极富热带自然风光情趣。

旅人蕉喜光，喜高温多湿气候，夜间温度不能低于8℃。要求疏松、肥沃、排水良好的土壤，忌低洼积涝。旅人蕉叶硕大奇异，姿态优美，极富热带风光，适宜在公园、风景区栽植观赏。

人们又称旅人蕉为"旅行家树""水树""沙漠甘泉""救命之树"等。这是因为在炎热干燥的非洲沙漠，旅人蕉不仅可为人们遮挡烈日强光，而且是天然的饮水站。旅人蕉的每个叶柄底部都有一个酷似大汤匙的"贮水器"，可以贮藏好几斤水，只要

在这个位置上划开一个小口子，就象打开了水龙头，清凉甘甜的泉水便立刻涌出，可供人们开怀畅饮，消暑解渴。而且这个"水龙头"拧开后又会自动关闭，一天后又可为旅行者提供饮水。

②芭蕉。芭蕉为常绿大型多年生草木。茎高达3~4米，不分枝，丛生。叶大，长可达3米，宽约40厘米，呈长椭圆形，有粗大的主脉，两侧具有平行脉，叶表面浅绿色，叶背粉白色。入夏，叶丛中抽出淡黄色的大型花。"扶疏似树，质则非木，高舒垂荫"，是前人对芭蕉的形、质、姿的形象描绘。

芭蕉原产东亚热带。性喜温暖耐寒力弱，茎分生能力强，耐半荫，适应性较强，生长较快。芭蕉最适宜植于小型庭院的一角或窗前墙边，假山之畔。不宜成行栽植，宜散点或几株丛植，绿荫如盖，炎夏中令人顿生清凉之感。芭蕉和香

蕉同属一科，外形相似，果实可以食用，有一定的药用价值。

③姜。姜为多年生宿根草本。根茎肉质，肥厚，扁平，有芳香和辛辣味。叶子列，披钟形至条状披针形，长15～30厘米，宽约2厘米，先端渐尖基部渐狭，平滑无毛，有抱茎的叶鞘；无柄。花茎直立，被以覆瓦状疏离的鳞片；穗状花序卵形至椭圆形，长约5厘米，宽约2.5厘米；苞片卵形，淡绿色；花稠密，长编印2.5厘米，先端锐尖；萼短筒状；花冠3裂，裂片披针形，黄色，唇瓣较短，长圆状倒卵形，呈淡紫色，有黄白色斑点，下部两面三刀侧各有小裂片；雄蕊1枚，挺出，子房下位；花柱丝状，淡紫色，柱头放射状。蒴果长圆形胀约2.5厘米。花期6～8月。

生姜味辛性温，长于发散风寒、化痰止咳，又能温中止呕、解毒，临床上常用于治疗外感风寒及胃寒呕逆等证，前人称之为"呕家圣药"。我国中部、东南部至西南部，湖北通山、阳新、鄂城、咸宁、大冶各省区广为栽培。亚洲热带地区亦常见栽培。

◆ 百合目

百合目为草本，少数为草质或木质藤本，或为木本，常具根状茎、鳞茎或球茎。时互生，很少对生或轮生，有时全为基生，单叶，花两性，较少单性，多为虫媒花，通常3基数，花被常2轮，呈花瓣状，分离或下部联合成筒状；雄蕊通常与花被片同数，花粉粒双核，稀为3核，多具单沟；子房通常由3心皮组成，上位或下位，中轴胎座，胚珠每室少至多数。果实通常为蒴果，稀为浆果或核果；种子具丰富的胚乳。本目包括雨久花科、百合科，鸢尾科，百部科、薯蓣科等15个科。

①百合。百合是百合科百合属

百　合

多年生草本球根植物，主要分布在亚洲东部、欧洲、北美洲等北半球温带地区，全球已发现有百多个品种，中国是其最主要的起源地，其中55种产于中国。近年更有不少经过人工杂交而产生的新品种，如：亚洲百合、麝香百合、香水百合、葵百合、姬百合等。

百合花素有"云裳仙子"之称。由于其外表高雅纯洁，天主教以百合花为玛利亚的象征，而梵蒂冈、法国以百合花象征民族独立，经济繁荣并把它做为国花。百合的鳞茎由鳞片抱合而成，又"百年好合""百事合意"之意，中国人自古视为婚礼必不可少的吉祥花卉。

百合花主要用来观赏，尤以荷兰及日本输出的切花品种居多。百合花的球根含丰富淀粉质，部分品种可作为蔬菜食用；在中国，食用百合具有悠久的历史，而且中医认为百合性微寒平，具有清火、润肺、安神的功效，其花、鳞状茎均可入药，是一种药食兼用的花卉。

②雨久花。雨久花别名浮蔷、蓝花菜。雨久花科雨久花属直立水生草本植物，高50～90厘米。叶片广心形或卵状心形，先端渐尖，基部心形;基生叶具长柄，茎生叶叶柄渐短，基部扩大成鞘，抱茎。总状花序再聚成圆锥花序，花蓝色。蒴果卵形。

雨久花生长于池塘、湖沼靠岸的浅水处。分布于我国东北、华南、华东、华中。日本、朝鲜、东南亚也有。

③凌波仙子——水仙。水仙花属于石蒜科水仙后，是多年生宿根草本植物。地下有鳞茎，根细长，叶扁平带状，4～8片，丛生，高至30～80厘米。一般叶5片而宽者有花，7片的多无花。早春抽出花葶，稍高于叶，花葶中空;葶大而脉纹粗的多开重瓣花，葶小而脉纹细的开单瓣花。花序为伞状，花通常5～7朵，最多可达16朵，花朵平伸或向下倾斜，花柄长约2厘米。

水仙有肥大的鳞茎，很象蒜头；青翠的叶子又象蒜叶；亭亭玉立的花葶又很象蒜台，因此《长物志》将水仙称为"雅蒜"。《南阳诗注》记载："水仙花，外白中黄，茎干虚通如葱。本生武当山谷间，土人谓之天葱"，因叶似葱故名"天葱"。此外，还有"水中仙子"和"凌波仙子"的美称。

水仙并不是中国"土著"，它的老家在地中海沿岸。地中海周边属于"地中海气候"，特点是冬季温和多雨，夏季炎热干燥，和我国大部分地区"雨热同期"的季风气候截然不同。对于地中海沿岸的一些植物来说，在怡人的冬天开花，当然要比在干热的夏天开花更划算，所以有不少在那里起源的观赏花卉都是在冬天

开花，除了水仙，还有仙客来、风信子、番红花等等。

④最长寿的树——龙血树。龙血树为常绿小灌木，高可达4米，皮灰色。叶无柄，密生于茎顶部，厚纸质，宽条形或倒披针形，长10～35厘米，宽1～5.5厘米，基部扩大抱茎，近基部较狭，中脉背面下部明显，呈肋状，顶生大型圆锥花序长达60厘米，1～3朵簇生。花白色、芳香。浆果球形黄色。同属多种和变种用于园林观赏。

谁是世界上年龄最大的植物寿星？据考证，红杉、猴面包树、澳大利亚桉树均可活到4000多岁，而"世界爷"巨杉已活了5000多岁，但这些都还不是植物中年龄最大者。1868年，著名的地理学家洪堡德在非洲俄尔他岛考察时，发现了一棵年龄已高达8000岁的植物老寿星。可惜这颗树已被刚发生的大风暴折断。也正因为它被风暴折断了主干，洪堡德能通过数它树干断裂处的年轮知道其准确年龄。这是迄今为止知道的植物最高寿者。这颗长寿的树叫龙血树，树高18米，主干直径近5米，距地面3米折断处直径也有1米。

龙血树受伤后会流出一种血色的液体。这种液体是一种树脂，暗红色，是一种名贵的中药，中药名为"血竭"或"麒麟竭"，可以治疗筋骨疼痛。古代人还用龙血树的树脂做保藏尸体的原料，因为这种树脂一种很好的防腐剂。它还是做油漆的原料。

◆ 兰 目

兰目为陆生、附生或腐生的草本。花常为两侧对称，多为两性；花被片6，2轮；雌蕊由3心皮组成，子房下位，1室或3室。种子微小，极多，具未分化的坯，无胚乳或有少量胚乳。本目包含兰科、水玉簪科等4科。

①金佛山兰。金佛山兰是我国

特有的单种属植物，系古老而罕见的物种，分布区狭窄，数量极少，呈零星散生。由于森林遭到严重破坏，生境恶化，残存植株越来越少，如不采取有效保护措施，将会灭绝。

金佛山兰多年生草本，高15～35厘米；根状茎较短，微肉质，被短柔毛；茎近五棱圆柱状，基部具鞘4枚，最下者辩片状。叶椭圆形，上部者近披针形，无鞘而抱茎，仅最下一枚基部具短鞘，具5～7条弧形脉。花序总状，长3～6厘米，花下具苞片，最下部的苞片叶状，其余的较小，近整齐，除基部带白色外，余为黄色；萼片3，离生，直立，窄椭圆形；花瓣3，倒卵状椭圆形；合蕊柱直立，近三棱状圆柱形，顶端稍膨大，柱头顶生而直立；花药直立，长圆状卵形；退化雄蕊5，在蕊柱顶端围绕柱头而生，花粉块4，白色；子房棒状，略4棱。蒴果直立长圆形，具4棱；种子多数，近菱形。

金佛山兰为兰科植物中较原始的属种，对研究兰科系统发育和起源有极重要的意义。但由于残存数量不多，亟须进行保护。

②斑叶兰。斑叶兰植株高15～35厘米。根状茎伸长，茎状，匍匐，具节。茎直立，绿色，具4～6枚叶。叶片卵形或卵状披针形，上面绿色，具白色不规则的点状斑纹，背面淡绿色，先端急尖，基部近圆形或宽楔形，具柄，叶柄长4～10毫米，基部扩大成抱茎的鞘。花茎直立，花瓣菱状倒披针形，无毛；花药卵形，渐尖；花粉团长约3毫米；蕊喙直立，叉状2裂；柱头1个，位于蕊喙之下。花期8～10月。

植物百花园

最小的种子

斑叶兰的种子是世界上最小、最轻的种子。小得如同灰尘一样，5万粒种子加起来也只有0.025克重，1亿粒斑叶兰种子也未能超过50克。人们至今还没有发现比这更小的种子。

寄生性种子植物

种子植物绝大多数是自养的，少数由于缺少足够叶绿素或因为某些器官的退化而成为寄生性的。寄生性种子植物大多寄生在山野植物和树木上，其中有些是药用植物。少数寄生性种子植物寄生于农作物上，如大豆菟丝子、瓜类列当等，在农业生产上造成较大的危害。

根据对寄主的依赖程度不同，寄生性种子植物可分为两类。一类是半寄生种子植物：有叶绿素，能进行正常的光合作用，但根多退化，导管直接与寄主植物相连，从寄主植物内吸收水分和无机盐。例如，寄生在林木上的桑寄生和槲寄生。

另一类是全寄生种子植物：没有叶片或叶片退化成鳞片状，因而没有足够的叶绿素，不能进行正常的光合作用导管和筛管与寄主植物相连，从寄主植物内吸收全部或大部养分和水分。例如，菟丝子和列当等。根据寄生部位不同，寄生性种子植物还可分为茎寄生和根寄生。寄生在植物地上部分的为茎寄生，如菟丝子、桑寄生等；寄生在植物地下部分的为根寄生，如列当等。寄生性种子植物对寄主植物的影响，主要是抑制其生长。草本植物受害后，主要表现为植株矮小、黄化，严重时全株枯死。木本植物受害后，通常出现落叶、落果、顶枝枯死、叶面缩小、开花延迟或不开花，甚至不结实。寄生性种子植物都是双子叶植物，有12个科，其中最重要的是桑寄生科、旋花科和列当科。桑寄生科的植物都是半寄生的灌木，危害热带或亚热带林木。旋花科的菟丝子和列当科的列当则是农业生产上重要的全寄生种子植物。

◆ **菟丝子**

菟丝子为一年生寄生草本。茎丝线状，橙黄色。无叶。花簇生，外有膜质苞片；花萼杯状，5裂；花冠白色，长为花弯2倍，顶端5裂，裂片常向外反曲；雄蕊5，花丝短，与花冠裂片互生；鳞片5，近长圆形。子房2室，每室有胚珠2颗，花柱2，往头头状。蒴果近球形，成熟时被花冠全部包围；种子淡褐色。花果期7～10月。

春天，菟丝子种子萌发钻出地面，形成一棵像"小白蛇"的幼苗。一旦碰上荨麻等寄主的茎后，马上将寄主紧紧缠住，然后顺着寄主茎干向上爬，并从茎中长出一个个小吸盘，伸入到寄主茎内，吮吸里面的养分。这样，它就和寄主长到一块了。不久，其根退化消失，叶子则退化成一些半透明的小鳞片，而主茎却生长迅速，一个劲儿地抽生出许多"小白蛇"似的新茎，密密缠住寄主。寄主渐渐凋萎夭折，成为菟丝子的牺牲品。而菟丝子却长出一串串花蕾，陆续开放出粉红色的小花，结出大量种子，撒落在地下。一株菟丝子，可以结出3万颗种子！翌年春天，它又会繁殖出新一代，继续作恶，危害其他植物。

◆ 寄生在植物根上的植物

在我国内蒙的乌兰布通沙漠、宁夏的腾格里沙漠和新疆的准噶尔沙漠等地，生长着两种著名的药用植物——肉苁蓉和锁阳。这是两种寄生在宿主植物根上的植物。

①肉苁蓉。肉苁蓉是多年生肉质草本植物，其寄主很多，有梭梭、红沙、盐爪爪和柽柳等，尤其喜欢寄生在梭梭这种耐旱木本植物的根上。肉苁蓉真怪，一生中有三到五年是埋在沙土里生长的。出上后生长仅一个月左右的时间。它的茎黄色，高80～150厘米，肉质肥厚且不分枝，叶子则退化成肉质小鳞片，无柄，密集螺旋排列在茎上。5月间从茎顶端抽出穗状花序。肉苁蓉露出地面的部分，几乎都由花序组成。开花结果后，结出大量细小的种子。种子随着风沙一起飞扬，一旦深入土层与寄主根接触，便得到寄主根分泌物的刺激，加上适合的温度，就开始萌发，开始新一轮的寄生生活。

②锁阳。锁阳也是多年生草本植物。它全身无叶绿素，茎肥大肉质，呈黑紫色圆柱状，基部较粗，埋于沙中。叶退化成鳞片状，散生在花茎上。茎顶是一个圆棒状的穗状花序。开花结果期很短，而种子发育又需要大量养分和水分，粗

锁　阳

壮多汁的肉质茎恰好担任了这个"角色"。果实球形，每株锁阳能结出二、三万个果实，可以说是"儿孙满堂"了。锁阳果实微小，但寿命却很长。把它放在室内保存12年后，仍有寄生的本领。原来，它的果皮非常结实，对严酷环境有惊人的适应能力。塔里木盆地的砾石戈壁上，阳光强烈，白天地表温度高达70℃以上，锁阳和肉苁蓉的种子仍可在那里顽强生长、繁殖。

③列当。列当为一年生寄生草本，高15～40厘米，全株被白色绒

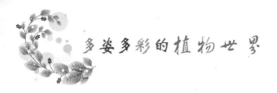
毛。根茎肥厚。茎直立，粗壮，暗黄褐色。穗状花序顶生，约占茎的1/3～1/2；苞片2，卵状披针形，先端尖锐；花萼褐色，近膜质，萼齿披针形，先端2裂；花冠淡紫黄色，长1.5～2厘米，下部为筒形，上部稍弯曲，具2唇，上唇宽，顶端常凹成2裂，下唇3裂，裂片卵圆形，边缘微锯齿；雄蕊4，二强；花柱与花冠近等长，柱头膨大，黄色。蒴果卵状椭圆形，2裂，具多数种子。花果期5～8月。列当生于沙丘、干草原、砾石沙地和戈壁。寄生于菊科蒿属植物根上。产于东北、西北、四川、河北、山东。

第六章

植物趣谈

　　走进丰富多彩的植物世界，你会了解世界上最长的植物是长达三四百米的海中巨藻，冬虫夏草究竟是"虫"还是"草"，卷柏为什么又叫"九死还魂草"，竹子全是空心的吗……人类在大自然中原来有这么多奇妙的同伴，对自然多一些了解，就会多一些关心，多一些爱，多一些对人与自然和谐相处的向往。这一章，大家会看到千奇百怪的植物，了解植物的喜怒哀乐，领略奇妙的植物世界。

雨中小草

植物也有喜怒哀乐

科学家们经过研究发现，植物有类似"喜""怒""哀""乐"的现象。

◆ "喜"

美国有两名大学生，给生长在两间屋里的西葫芦旁各摆了一台录音机，分别给他们播放激烈的摇滚乐和优雅的古曲音乐。8个星期后，"听"古典音乐的西葫芦的藤蔓朝着录音机方向爬去，其中一株甚至把枝条缠绕在录音机上；而"听"摇滚乐的西葫芦的藤蔓却背向录音机的方向爬去，似乎在竭力躲避嘈杂的声音。你可以通过这个实验明显看出，植物对轻柔的古典音乐有良好的反应。

西葫芦

◆ "怒"

美国测谎器专家巴克斯特进行了一次有趣的实验：他先将两棵植物并排放在同一间屋内，然后找来六名戴着面罩，服装一样的人，他让其中一人当着一棵植物的面将另一棵植物毁坏。由于"罪犯"被面罩遮挡，所以，无论其他人还是巴克斯特本人，都无法分清谁是

"罪犯"。然后，这6人在那株幸存的植物跟前——走过。当真正的"罪犯"走到跟前时，这棵植物通过连接在它上面的仪器，在记录纸上留下了极为强烈的信号指示，似乎在高喊"他就是凶手！"可以说植物的这种反应，与人类的愤怒有些类似吧！

◆ "哀"

巴克斯特还做了另外一个实验，他把测谎器的电极接在一棵龙血树的一片叶子上，将另外一片叶子浸入一杯烫咖啡中，仪器记录反映不强烈。接着，他决定用火烧这片叶子。他刚一点燃火苗，记录纸上立刻出现强烈的信号反应，似乎在哭诉："请你放过这片叶子吧，它已经被烫得很难受了，你怎么忍心再烧它呢？"

苏联一些生物学家也作过类似的实验：把植物的根部放入热水后，仪器里立即传出植物绝望的"呼叫声"。

◆ "乐"

日本一些生物学家用仪器与植物"通话"获得成功，当他们向植物"倾诉""爱慕"之情时，植物会通过仪器发出节奏明快、调子和谐的信号，像唱歌一样动听。印度有一个生物学家，让人在花园里每天对凤仙花弹奏25分钟优美的"拉加"乐曲，连续15周不间断。他发现"听"过乐曲的凤仙花的叶子平均比一般花的叶子多长了70%，花的平均高度也增长了2%。

这些事情听起来很神，不少试验结果还有待用科学方法进一步验证。但从科学上看，它们并非天方夜谭，而是有一定的理论依据的。科学研究表明，音乐是一种有节奏的弹性机械波，它的能量在介质中传播时，还会产生一些化学效应和热效应。当音乐对植物细胞产生刺激后，会促使细胞内的养分受到声

波振荡而分解，并让它们能在植物体内更有效地输送和吸收。这一切都有助于植物的生长发育并使它增产。我国一些科学家通过研究发现：在一般情况下，苹果树中的养料输送速度是每小时平均几厘米；在和谐的钢琴曲刺激下，速度提高到了每小时一米以上。科学家还发现，适当的声波刺激会加速细胞的分裂，分裂快了自然就长得快，长得大。

不过任何事都有限度，中国有句成语叫"过犹不及"说的就是这个意思。过强的声波也是这样，不但无益反而有害，它会使植物细胞破裂以至坏死，噪声的

苹果树

破坏力当然更大。美国科学家曾作过某种"对照实验"，把20多种花卉均分成两组，分别放置在喧闹与幽静两种不同环境中，进行观察对比。结果表明，噪音的影响能使花卉的生长速度平均减慢百分之四十左右。人们还发现这样的现象，在噪声强度为140分贝以上的喷气式飞机机场附近，农作物产量总是很低，有不少农作物甚至会枯萎，同样是这个道理。

植物也能说话

20世纪70年代，一位澳大利亚科学家发现了一个惊人的现象，那就是当植物遭到严重干旱时，会发出"咔嗒、咔嗒"的声音。后来通过进一步的测量发现，声音是由微小的"输水管震动"产生的。不过，当时科学家还无法解释，这声音是出于偶然，还是由于植物渴望喝水而有意发出的。如果是后者，那就太令人惊讶了，这意味着植物也存在能表示自己意愿的特殊语言。

不久之后，一位英国科学家米切尔，把微型话筒放在植物茎部，倾听它是否发出声音。经过长期测听，他虽然没有得到更多的证据来说明植物确实存在语言，但科学家对植物"语言"的研究，仍然热情不减。

1980年，美国科学家金斯勒和他的同事，在一个干旱的峡谷里装上遥感装置，用来监听植物生长时发出的电信号。结果他发现，当植物进行光合作用，将养分转换成生长的原料时。就会出发一种信号。了解这种信号是很重要的，因为只要把这些信号译出来，人类就能对农作物生长的每个阶段了如指掌。

金斯勒的研究成果引起了许多科学家的兴趣。但他们同时又怀疑，这些电信号的"植物语言"，是否能真实而又完整地表达出植物各个生长阶段的情况，它是植物的"语言吗"？

最近，英国科学家罗德和日本科学家岩尾宪三，为了能更彻底地了解植物发出声音的奥秘，特意设计出一台别具一格的"植物活性翻译机"。这种机器只要接上放大器和合成器，就能够直接听到植物的声音。

这两位科学家说，植物的"语言"真是很奇妙，它们的声音常常伴随周围环境的变化而变化。例如有些植物，在黑暗中突然受强光照射时，能发出类似惊讶的声音；当植物遇到变天刮风或缺水时，就会发出低沉、可怕和混乱的声音，仿佛表明它们正在忍受某些痛苦。在平时，有的植物发出的声音好像口

笛在悲鸣，有些却似病人临终前发出的喘息声，而且还有一些原来叫声难听的植物，当受到适宜的阳光照射或被浇过水以后，声音竟会变得较为动听。

罗德和岩尾宪三充满自信地预测说，这种奇妙机器的出现，不仅在将来可以用作植物对环境污染的反应，以及对植物本身健康状况的诊断，而且还有可能使人类进入与植物进行"对话"的阶段。当然，这仅仅是一种美好的设想，目前还有许多科学家不承认有"植物语言"的存在，植物究竟有没有"语言"，看来只有等待今后的进一步研究才能得出答案。

植物的特异功能

植物在生态系统中扮演着十分重要的角色，也是我们所生存环

境的重要监测与预报者，这是因为植物的生长离不开阳光、空气、水

分、土壤等外界环境，外界环境的一举一动都处在植物"眼皮"的监视之下，因而植物具有许多鲜为人知的"特异功能"，在环境监测中可充当下列工具：

◆ 指示剂

植物对环境的指示作用，与其对环境的依赖程度有一定程度地关系。植物的生长越依赖环境，那么它对环境的指示作用就越明显；反之，它对环境的指示作用则不明显；自然界中有许多植物对环境依赖严重，因而可充当环境的指示剂；如铁芒萁的生长反映了红壤等酸性土壤环境，而碱蓬的生长则反映了盐碱性的土壤环境、仙人掌、骆驼刺的生长反映了干旱环境，芦苇的生长则反映了水湿环境，由此可见，在相当大的程度上，植物可以说是自然环境的一面镜子，是自然带最明显的标志，它可以综合反映自然环境。

◆ 大气污染监测器

有些植物对大气污染十分敏感，这类植物称为大气污染"指示植物"，如牵牛花中含有花青素，该色素在碱性溶液中为蓝色、在酸性溶液中为红色，故从早晨到晚上，随着二氧化碳浓度增加，牵牛花花色从蓝变红，牵牛花即是对空气中二氧化碳浓度的指示植物。雪松对二氧化硫和氟化氢很敏感，当空气中存在这两种气体时，其叶片就会出现枯黄现象，紫鸭跖草在低强度的辐射后，花色即由蓝色变成粉红色，这种植物可以作为测量辐射强度的"指示剂"。

有些植物能将污染物积累下来，保持很长时间，研究人员可以通过分析叶片上污染物，了解污染物性质和污染的相对程度，法国和中国林业专家联合研究发现，北京地区分布较多的扬树，其叶片上有蜡质和细毛、是非常理想的污染积累植物，由于树木一般比花草的植

牵牛花

株要高，叶面沾上的污染物不像花草类容易脱落，故测试其叶面粉尘含量有助于了解工厂和汽车等排出的废气对环境污染程度。

◆ **绿色探矿员**

植物探矿就是利用指示植物帮助人们找矿，我国古代书籍就曾记载有"山上有葱，其下有银；山上有薤、其下有金"的论述，比世界各国的植物探矿理论早了几百年，植物的根系，除了从土壤中吸取氮、磷、钾等营养成份之外，有些植物还能吸收少量的其它各种元素、富集于植物体内；有的植物根系或种子受到放射性元素照射，使生态发生变异或使植株异常高大粗壮，或提早发芽，或果实硕大，人们据此推测找矿。赞比亚和澳大利亚根据含铜量极高的铜草而发现了大型铜矿，英国在石南草帮助下，找到了钨矿和锡矿，德国和瑞典通过三色堇，找到了锌矿，50年代中期，美国科学家在科罗拉罗高原，根据桉树长势繁茂特点，找到具有放射性的铀矿，我国科技工作者运用植物探矿，也取得了成绩，如在湖北大冶铜绿山等地的海州香薷，测试其体内含铜极高，据此找到了不少铜矿，科学家还发现：石松生长好的地方有铝土矿，锦葵繁茂的地方有镍矿，紫苜蓿密集地方有钽矿，艾蒿成群生长地方常有锰矿，野苦麻生长茂密的地方常蕴藏有铁矿，难怪人们称这些指示植物为"绿色探矿员"。

◆ 天气预报员

在人类利用物象进行天气预报的实践中，发现许多植物能反映天气的变化规律，预先知道晴天或下雨。柳树当暴风雨即将到来之前的3至4小时，它那葱绿的柳叶便发白，下垂的树叶翻转过来，人们见到这种情况就可以知道晴朗的天气就要转阴了。

"哭树"和"哭草"在下雨前流出汁液的时间是大不相同的。槭树在雨前3~4天就开始有汁液流出，麻栗在下雨前两天内流出汁液，异株女娄菜在雨前一、二小时内大量分泌汁液，而刺槐和锦鸡蔗则临下雨时从花朵上分泌汁液。

在多米尼加的一些地区，许多人都喜欢在家门口种上一棵"雨蕉树"。当空气中的湿度很大，温度很高时，叶汁就顺着叶面溢出，水滴不断往下落，人们见到雨蕉树流泪水，就知道天要下雨了。还有的植物在下雨前呈现异常现象以此来预报雨情。飞廉和绒毛牛蒡在临近下雨时，荆棘会紧贴在花序上，人们采摘便不再扎手。蒲公英的花在阴雨天到来时会叠成伞状，白屈菜和草地碎米荠的花则发蔫低垂下来，而睡莲、菊苣、野旋花、金盏花等在下雨前便不再开花。

在澳大利亚和附近一些岛屿上，有一种人们非常喜欢的"报雨花"。这种花很像我国的菊花，但比菊花要大2至3倍。报雨花在空气湿度增加到一定程度时，外面的彩色花瓣就要萎缩，把花芯紧紧包围。而当空气中湿度减少，它的花瓣又会慢慢地向外伸延。人们只要看到报雨花的花开或者花萎，就可以知道是不是要下雨。南瓜藤的藤头一般是向上翘的，阴雨将至，藤头便低垂下来。在阴雨连绵的日子里，若发现藤头上翘，那就预示着天要放晴了。

千奇百怪的植物

◆ 指南草

在中亚细亚，盛产一种草，人们称它为"指南草"。这种草的特殊之处是：在阳光照射下，它的叶子老是从北方指向南方，人们根据叶尖的位置就能辨别方向，这对旅行的人来说简直太方便了！

◆ 彩色草

人们常见的草是绿色的，可美国洛杉矶植物学院的研究人员培养出了紫色的、浅蓝色的、黄色的和不同颜色相间的小草。最美丽的是一种绿色的草，它的上端呈鲜红色，很像花朵。

◆ 长腿草

在南美洲有一种草，名叫"卷柏"。在干旱季节，它的根能从地下跳出，整个身体卷缩成圆球状，然后随风滚动，到了潮湿处就扎根生长。遇到旱情，它便再寻新居。

◆ 伏兽草

在埃塞俄比亚北部的山上，生长着一种叫"伏兽草"的山藤，它

的茎上生有芒刺，芒刺下有刺穴，能分泌一种黄色的浆汁，若粘到动物身上，能使皮肉溃烂。

◆ 测醉草

巴西亚马逊河流域生长着一种奇特的含羞草，凡是饮酒过多的人走近它，浓烈的酒味会使它枝垂叶卷。因此，当地常用这种草测试那些饮酒后开车的人。

◆ 瘦身草

在印度有一种不可思议的野生草，肥身的人服用后会逐渐消瘦下来，故名"瘦身草"。印度传统医学用该草治疗肥胖症已有 2000 年的历史。日本东邦大学医学部名誉教授幡井勉先生对该草的药效作了研究，认为"瘦身草"能使人体摄入的一半糖分不被吸收，从而降低新陈代谢的速度，达到减肥的目的。如今，"瘦身草"已成为风靡日本的一种健美药品。许多人服用后，体重明显下降，有人服用该药，两个月体重减轻 7.6 千克，减肥效果十分显著。

◆ 石头草

在美洲沙漠中有种草，样子就像沙漠中的小圆石，当地人叫它

石头草

"石头草"。剥开这种草来看，圆石部分原来是两片对合的叶子。因为长在沙漠中，所以叶子里储有水分，显得圆鼓鼓的。这种草杂生在真正的石头中间，使人分不清是石头还是草。

美洲沙漠中有不少食草兽类，这种草就利用它的伪装本领逃避了被吞食的灾难。有趣的是，从"石头草"两片叶子中间的小孔中，还能开出朵朵美丽的小花来。

◆ 邙山金鱼草

在河南省郑州市北部 30 公里的邙山坡上，人们发现了一棵金鱼草。3 年来，无论春夏秋冬，金鱼草季季开花，花期长，花带盛，花色多。耐暑抗寒性强是它的突出特征。

◆ 会"跳舞"的草

前面已讲过，有一种会"跳舞"的草，在我国南方的山坡野地里，就有这种奇妙的"舞草"。

在无风的天气，只要有阳光照射到它，它就像鸡毛那样跳动，因此，当地人也称它为"鸡毛草""风流草"。跳舞草属蝶形花科，学名叫山绿豆。它高约 1 尺，为奇数复叶，有小叶3片，前边1片较大，后面2片较小。它对阳光很敏感，一旦受到阳光照射，后面的 2 片小叶就会迎着太阳舞动，恰似蝴蝶在花丛中飞舞，从朝阳东升一直舞到夕阳西下才停止，不知疲倦地舞动一整天。

跳舞草为什么会"跳舞"呢？原来，它的老家在热带，它很怕蒸发失水。当阳光照射时，它就以舞动的叶子抗拒酷热的阳光，这是为适应环境，谋求生存而锻炼出来的一种特殊本领。跳舞草可以入药，味淡微苦，有清热解毒、消肿散毒之功效，能治疗风热感冒、毒蛇咬伤、痛疮毒等病症。

◆ 能测温的草

在瑞典南部有一种名叫三色鬼的草，人们管它叫天然的"寒暑表"。因为这种草对大气温度的变化反应极为灵敏。在 20℃以上时，它的枝叶都斜向上方伸出；温度若降至 5℃时，枝叶向下运动，直到和地面平行为止；当温度降至 10℃时，枝叶向下弯曲；如果温度回升，则枝叶就恢复原状。

◆ 芳香扑鼻的茶香草

在湖南省新化县田坪区境内，发现一种格外芳香的多年生草本植物。这种植物茎皮上有 4 条很有规则的棱皮保护着。叶为互生，叶片状似茶叶，较茶叶嫩薄，兜多须根，长到尺许就开花，而且花开得奇特，它从尾部的叶柄处长出一根细条，顶端开花球，花为黄色。当地一些群众喜欢把这种植物的茎叶采摘回来，放到米饭上烹蒸，然后用手揉搓烘干，再置于米饭上烹蒸数次，米饭香味更浓。把它置于茶叶中，可使茶叶芳香扑鼻，因而被称之为"茶香草"。

◆ 会"流泪"的草

湖南黄双自然保护区有一种奇特的眼泪草，当地人叫它"地上珠"，又叫"叶上珍珠"。这种草的叶子能分泌一种粘糊状液体，像眼泪一样粘附在叶尖上。奇怪的是，这种带甜味的液体能招引小昆虫前来啜饮。当小昆虫碰上"泪珠"时，叶片就会突然收缩，把"顾客"擒住，粘液便裹住它，慢慢将其溶化，变为滋补自己的营养品。

◆ 盐 草

牙买加生长着一种盐草，它的茎和叶中含有盐分。当地居民割回盐草，洗净晒干后放在锅里煮，再将液汁晒干，水分蒸发后便留下了盐。50 千克盐草可提取三四千克盐。这种盐的味道并不次于一般的海盐。

◆ 纸 草

在非洲尼罗河下游盛产一种阔叶状似芦苇的水草，古埃及人采下加工，称为"纸草"。在造纸术尚未发明之前，它是地中海沿岸各国通用的"纸张"，许多古代文献是赖"纸草"保留下来的。现在，这种"纸草学"已被公认为历史学的一门辅助学科。英文"纸"（Paper）即从"纸草"一词而来。

◆ 灯 草

在冈比亚西部的南斯朋考草原，长着一种红色的能发光的野草——"灯草"。这种草的叶瓣外部长着一种银霜似的晶素，仿佛上面涂了一层银粉。每到夜间，"灯草"叶瓣上的晶素就闪闪发光，好像在草丛里装上了无数只放光的"灯"。在"灯草"集生的地方，会亮得如同白昼，使周围的一切都看得很清晰。因为"灯草"能发光，当地居民就把它移植到自己屋门口或院门口，作为晚上照明的"路灯"用。"灯草"的根茎还含有40%以上的淀粉，磨成粉末，可以代替粮食。

另外，哥伦比亚西南森林里有一块称做"拉戈莫尔坎"的草地。"拉戈莫尔坎"在哥伦比亚的尼赛人的土语中就是"光明的草"或"放光的草地"。原来，这块草地上生长出的草，细短而匀称，叶瓣碧绿略带黄色，草柔软如绸，而且长得浓密。远远向草地望去，仿佛地上铺上了一块平整翠绿的地毯。一到晚上，这块草地就一片光明，宛如被月亮照亮的大地一样，然而可能此时天空里却并不见一轮月影。那么，这些光是从哪里来的呢？"放光的草地" 在还没有被科学地

解释之前，人们都认为这是"神光"，是神所赐放出来的，这就使草地蒙上了一层神秘的色彩。但是如果你仔细观察就会发现，光是从草瓣上闪耀出来的。由于这种草能够制造一种叫"绿莹素"的莹光素，所以它的草瓣能发出光来。即使将这种草割下来晒干，在黑暗中它也能闪光很长一段时间才渐渐"熄灭"。这就是放光草地的秘密。

庄稼能长出肉

以前的杂交庄稼都是不同品种的庄稼相互杂交，现在，科技研究人员正在开发全新的杂交品种:让庄稼长出肉食替代品来，将来可以直接从庄稼上"收割"羊肉、鸡肉、牛排。

这消息听起来有点天方夜谈的味道，但美国科罗拉多州波多尔有家叫做Sonatogen的公司申请开发的人造血液产品已经得到了美国食品与药物管理署的批准，正在加紧市场化的步伐。这是美国食品与药物管理署破天荒头一次批准人造肉食替代品。用来灌溉可长肉食品庄稼的不是水，而是人造血液。也就是说，这种庄稼有哺乳动物的生长特性，需要从血液里面吸取营养成分。当然除了用血液灌溉以外，还可以用生物克隆技术让庄稼长出肉食品来。

世界上食素者和心脏病患者等不吃肉或者不敢吃肉的人数很多，所以说，这种产品的市场潜力是很大的。

植物也患癌症

植物和我们人类一样也会患癌症。植物受到损伤后，伤口由于细菌、病毒等微生物的侵袭，其细胞组织就会发生癌变，出现各种恶性肿瘤，造成畸形生物，最终导致死亡。如有一种名叫瘿蜂的小昆虫，特别喜欢在栎树的皮下组织中产卵，孵化成虫瘿，破坏了栎树的组织细胞，时间一长就会使植物的细胞组织发生癌变。

植物从胚胎发育、生长到开花结果，整个生命过程都是受细胞内的基因控制的，各种组织细胞在不同的基因控制下，进行着有条不紊的新陈代谢，当植物受到病虫害侵袭后，这种原先正常的新陈代谢程序就会被打乱，原来按遗传信息

"指令"产生的生长激素也被破坏，转而产生出一种癌细胞的生长激素，从而使植物的细胞组织形成各种恶性肿瘤。

植物会得癌症，但是植物又能帮助人类治疗癌症。据美国植物学家多年的研究，至今发现能治疗癌症的植物已多达2200多种。如本草植物喜树中含有一种生物碱，就有抑制DNA合成的作用，经提炼已应用在临床上，具有很好的抗恶性肿瘤的效能。生长在我国浙江、江苏等地的野生佛甲草，对预防食道癌颇有功效。菌类植物中的猴头菌、灵芝、冬虫夏草，以及仙人掌、仙人球、龙舌兰等植物内，也都含有治癌防癌、抑制癌细胞生长的特殊

成分。

此外，医学科学家们还陆续发现不少蔬菜也有抗癌作用。如白萝卜、胡萝卜中含有丰富的"木质素"，大大提高巨噬细胞吞食癌细胞和各种病毒的能力，且有抗癌延寿的作用。又如在莴苣、南瓜、豌豆等蔬菜中也都含有能阻止或抑制人体中致癌物质硝酸胺吸收和合成的物质，并能刺激人体产生一种抵抗癌细胞生长的干扰素。